YOU, A COPYWRITER!
文案力

如果沒有文案，
這世界會有多無聊？

盧建彰 KURT LU

謝謝盧昭邑、盧張素娥、盧靖雯
你們是我最在意的

謝謝陳力民、司徒玫
謝謝你們對我的疼愛

謝謝陳祖平、舒銘湘、陳曉梨
你們給我比加州陽光更多的溫暖
點亮這書

謝謝最重要也是最棒的文案 陳祖安
啟發我每個作品
並給我最好的作品
笑笑小盧願

文案力
如果沒有文案，這世界會有多無聊？

You, A Copywriter!

Contents

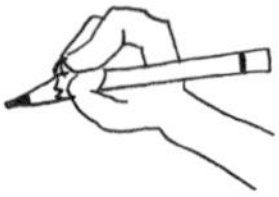

part 3

part 4

part 5

前言

像個文案思考，用創意讓生命好

這不是一本只給文案的書，但這是一本由文案寫的書。

我有一個朋友叫陳小梨，她拍畢業照，攝影師叫她張大嘴，她用力的張大嘴「啊～～」攝影師說，不對啦，你要讓我看到你的牙齒。所以，她「咿～～」使勁地把兩排牙齒緊緊靠攏，同時露出牙齦。其他排隊要拍照的同學，在旁邊一直說，不是啦，要微笑。

多數時候，我都是陳小梨，又啊又咿的，很努力，但都不太對。但幸好，世界上沒有標準答案，有時，我會不錯。因為我不斷地咿咿啊啊的，就有了微笑，大家都笑了。

雖然不太對，但不錯。

我覺得我們都需要像個文案一樣思考，有理性，理解策略，洞悉環境，能判斷趨勢，更知道怎麼把複雜的變簡單，看穿現實的同時，知道怎麼把理想變成現實。同時，又感性，體貼人性，關心人心，知道人的軟弱，並且相信可以變好，不管是世界或人。

像個文案思考，用創意讓生意好。

這是個不太好的世界，天空很髒，作為一個跑者，我很厭惡這件事，作為一個父親，我憎惡那些只為金錢把天空、世界染黑的傢伙，你要我怎麼教孩子畫畫？

我討厭黑天空，更討厭黑心鬼。

那些做壞事賺大錢但沒事的人，讓我們誤以為得黑心才能活。事實是，他們已經死了，他們是鬼，黑心鬼。事實是，黑心，讓所有人死。

我希望好的人更好，我希望我們不要不用腦，不要不用心，不要以為什麼都只能cost down，我希望努力的人被高舉，好讓我們可以仰望，好讓我們更願意做個好一點點的人，然後我們一起瞧不起做壞事的人，瞧不起做壞事的自己。

像個文案思考，用創意讓生命好。

然後，說不定，我們留給孩子的會好一點點。在那之前，好的文案或許可以幫好的人更好些。否則，這本書，也太無用了。不值得我抱著女兒盧願，用一隻手打字，在桌前，在夜裡，在該出去玩的時候，在我比較想在地上和盧願、盧果滾來滾去的時候。

祝福我們以後都笑得出來，祝福我們都有平安，給家人，給自己，給不認識的人。

願　你平安。

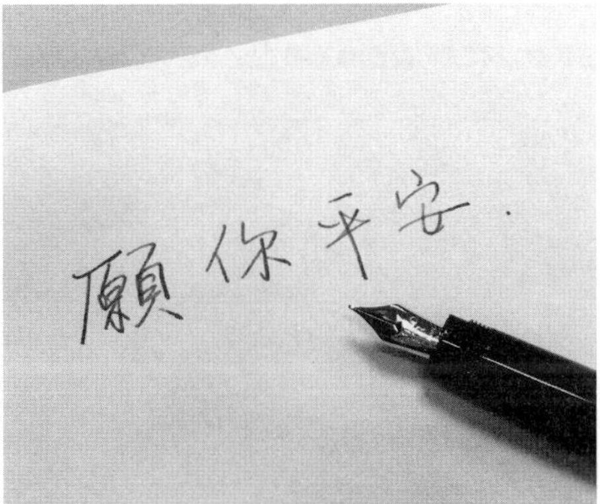
願你平安.

Part 1

用文案創意你人生

01

幹嘛
要文案？

02

用文案定義你的想法：
標題的重量感

03

用文案管理你的組織：
長文案的信仰

05

美學與邏輯學
的平衡

04

用文案處理你的對手：
如詩般的優雅

01

幹嘛要文案？

我傾向不要只把文案當作一個人，
而把它當成一種概念，
一種需要綜合美學和邏輯思考的觀念。

舉世聞名的奧美廣告創辦人大衛・奧格威，儘管已經擁有法國城堡，他仍說自己終其一生是一個「文案」，也就是負責寫文案的人，那是他最自豪的身分。

羅斯福總統說，不當廣告人就當總統，欸，還是倒過來？不當總統就當廣告人？好啦，都沒差。我只是想說文案很重要而已。

文案作為廣告創意裡的一個職位，常常要往前延伸理解現實生態難處，往後要生出精采創意作品，需要有足夠的能力與世界溝通，又要有充分的藝術思維，好在與世界溝通時，啟發世界。

文案作為廣告創意裡的一個作品，意味著要能夠在文字和想法中，切中邏輯上的推導，並提出新的觀點，同時更要讓這觀點被不著痕跡地「靜脈注射」進觀看者的心裡，甚至成為對方的思想脈絡，轉而傳播那過去不曾發生的想法。

文案是什麼東西？

我傾向不要只把文案當作一個人，而把它當成一種概念，一種需要綜合美學和邏輯思考的觀念，可以隨時拿出來確認自己的作為，是不是符合一個文案的基本要求，你也可以拿來理解自己的策略是否正確外，是不是有足以吸引人的創意魅力？

我常被妻責備的就是，只知道講對錯，那對方的感受呢？更何況現在這時代，很多不對的人，活得很不錯呢?!

我們更該讓更多好人被高舉，而那需要智慧和愛心。重點是，我們需要有邏輯思考和創意發想，因為，這是這時代唯一需要的，也是台灣少數可能有的出路。

我覺得，每個人都可以是文案，只要你願意用你的力量重新改造這世界。

要有足夠的理則學能夠分辨是非對錯，要有愛人如己關懷他者的美好能量。只要有公義和憐憫，誰能說你不是個文案呢？

在洛杉磯候機室觀察別人

我尊敬的小說家海明威，也曾在記者生涯之外，當過廣告文案。日本小說家石田衣良是在當了自由文案後，才成為一個小說家。拿到直木賞、吉田英治文學獎的奧田英朗，更是在廣告公司裡任職文案。他們文風不同，但都拚命地觀察。

我正在洛杉磯的候機室，我覺得這裡幾乎是全世界「讓我」最有效率的地方。注意，是「讓我」，因為我無事可做。免稅店買不起，我只能去免費店；沒有人可以聊天，因為今天我與家人單飛不解散；沒有會讓我分心的東西，因為我只能觀察別人，什麼都不能做。

對，觀察別人。

我認為這才是一個文案的起點，而不是廣告公司印的名片上寫了「文案」兩個字，更不會是學校老師幫你上的文案課，當然更不會是看這本由奇怪的人寫的奇怪的小書。

你可以是文案，如果你開始關心別人，觀察別人。

你會得到東西的，而且恭喜你，是你獨得，誰也拿不走，它會變成你的原力，它會變成你騎腳踏車、游泳的技術，不會消失，會一直跟著你。有可能它現在不會出現在資產負債表上，但未來一定會，只是用別的形容詞，比方說，專業、精確、深入、天才……等等，或許你不稀罕，但我跟你保證，有時這還滿酷的，至少你會免費收到很多故事。

然後你有機會可以把這些故事拿出來，變成你的，變成你的 idea，變成你的故事。人們會喜愛你，會想聽你說，會靠近你。有些會拜託你收下他們的錢，那時你再小心一點。

不要做個誇大不實的文案。在那之前，觀察是很好的，有點太好，好到你會想，我怎麼不更常做這件事？幾乎跟運動一樣好，沒有缺點，沒有傷害，只有得利。

觀察是第一課，搞不好也是最後一課

比方說，我左前方的兩男一女，他們看來就像是公司同事，應該是要到海外出差。正面對我的男子，四十多歲留絡腮鬍 POLO 衫牛仔褲運動鞋，休閒自在，有點居家中年男子的不在乎，機場候機室彷彿家中客廳沙發，只差手上沒有遙控器轉運動頻道。

女生，留著好整理短金髮可能兩個孩子的媽媽，穿黑色牛仔褲、輕鬆的短袖黑白條紋上衣，尋常低調的肩背包，但如果你要搶它，一定會被她一把撂倒。輕鬆的休閒鞋，保證她隨時可以衝出，抓得住孩子。

另一個自以為型男，帥氣深棕色髮西裝外套深色牛仔褲黑皮鞋，拉著深色登機箱，宛如動眼就能放電的自信。

三個人說話的方式，也可看出人生現狀。絡腮鬍男是隨意喝著可樂，隨手拿起泡麵就吃了起來，抹抹鬍子繼續聊天，有點隨興但感覺好相處。短髮媽媽可能心裡還惦著孩子，但盡力跟上同事聊天的內容，而自以為型男則對每個看法都要停一下做個姿態再評論，知道被爭議也喜愛被爭議。

有印象後，就有故事

你有了典型人物的觀察後，就有機會試著梳理關係，甚至發展故事。這三個人都有相接近的職位，但自以為型男和媽媽有競爭關係，而中年運動男無為而治只要有啤酒喝就快樂，當然更可能因為他是主管。

而媽媽為了孩子的學費和課外活動的學習花費，正有點傷腦筋，很希望在明年初的考核評估裡有好成績，這樣就有加薪的可能。

自以為型男正對一個新女友展開追求，他發現女友除了愛腹肌外，也愛肌肉型的跑車，他剛付完第一期的貸款，感覺有點吃力，也迫切希望有機會來個小小的升遷。

兩人對這次的商務旅行都有期待，希望展出結果成功外，更希望小老闆，也就是絡腮鬍運動男可以看到自己的好表現。

有印象後，再顛覆故事

當然，剛剛這些都可能只是個刻版印象。

其實，女生是這兩個男人的好友，為了當他們結婚的見證人，於是兩個男生出錢讓她一起去旅行。結婚？對，這兩個男人是親密的。不行嗎？我只是想顛覆剛剛辛苦建立的一切，而這會讓我們的腦袋柔軟。

就像在海邊，你應該可以更常讓自己認真努力地建立起一座城堡，然後在海水把它沖垮前，自己把它打掉重練。然後在海水退去後，再挑戰自己蓋出一個風格截然不同的城堡，並且用你的創新能力和世界級的觀察力，在下一波海水來臨前完成。

海水，可能是時尚的潮流，可以讓你站上高峰；海水，可能是時代的洪流，可以瞬間將你滅頂。不管怎樣，你都可以存活，甚至有時是開心的。

世界是你的觀察室，觀察吧

醫院在手術後通常會把病人送到觀察室觀察，好掌握接下來的狀況。我傾向你讓自己，隨時作為那個觀察的人，也許是醫生，也許是護理師，但不管怎樣，認真觀察，你不太會因此生病的。

觀察的目的，跟掌握案例有關，當你掌握更多的案例，你就有機會稍稍預測，或者理解別人的痛苦、想望、知覺、感傷、掙扎、無奈，而這些，最好都具備有兩種層面以上的複雜情緒，因為那才真實。

意思是，沒有人是絕對的壞人，更沒有人是絕對的好人。

做黑心油的不會只有老闆一個人，生產部門的人也知道，但他為了自己的房貸隱忍不講；財務部門的當然也知道，因為進貨成本和去年明顯不同。這些都是掙扎，都是人性，掌握愈多，你愈有機會理解人，知道壞人哪裡壞為何要壞，說不定就更有機會讓壞人變成好人。

當然，你自己也可能是那個被觀察的。那麼，試著讓自己值得被觀察，有點生活，有點哲學。

現在是夜裡，因為在空中，時間感跟空氣一樣，是稀薄的。若以地面的時區而言是凌晨兩點，高度一〇〇五八公尺，時速八七九公里，康斯托克海山在我的右手邊，阿拉斯加在左手邊，緊接著會經過阿留申海峽。機艙裡所有的人都睡了，比引擎聲大的是呼聲。

當所有人都睡了，就是你醒的好時候。我說的不是真實狀況，是種比喻。

我們之後會聊到比喻，對我們是多麼重要，在這之前，我們先假裝，我們知道康斯托克海山在哪裡。在我的右手邊。我承認，在這一刻之前，我不清楚康斯托克海山在哪裡，而知道這件事，讓無法成眠的我感到愉快。

你一定會有不明白的事，接受它，並保持好奇心。

文案是探險家，不是銷售員

你不一定需要羅盤，但你可以接受自己沒有方向感，並享受尋找方向的感覺，而那會讓那個方向除了是方向外，更有你自己的存在參雜其中，那會是你找到的方向，那很美好。

一個文案，比較像是探險家，而不是銷售員。

銷售員，只想把型錄背完，背出來給對方聽。探險家，則會興奮地把自己原本不知道的事，告訴還不知道的人，裡面有熱情、有克服未知、有魔法、有倖存、有賺到的生命感。

你要讓你的日常生活冒點風險，「如果不這樣，會死掉嗎？」你可以多問一些這種問題，基本上現代的生活，不太會因為你「不怎樣」而死掉。比較常是因為你「一直怎樣」，比方說一直吃油炸物、一直熬夜加班、一直忍受老闆罵……你看，「一直」這個字眼不太好。

不「一直」的話，是怎樣呢？就是那不確定性，就是那不一樣，而那讓人腎上腺素分泌，長期下來，不只天天擁有全新的生活，而且還會變瘦，超棒的（好啦，這是我亂講的）。你知道我在說什麼，你不一定是個文案，但你可以活得像個文案，分享得像個文案。而如果你是個文案，拜託，你更要有個樣子。

探險家的樣子。

好了，我們要飛了，飛往——你還不知道的地方。有安全帶，你可以繫，你也可以害怕，但記得睜開眼，因為你要仔細看，還要跟別人分享，關於這趟旅程。

你也可以想一想

寫文案的起點：

觀察，無時無刻都觀察這個世界，所有人事物都是目標，會觀察，就能理解人物，並試著發展出故事。

觀察後的下一步：

學會問問題，問各式各樣的問題，問自己也問別人，老話一句，不用擔心問蠢問題，只擔心都沒有問題。

02

用文案定義你的想法：標題的重量感

任何一種傳播，
都是你用自己的觀點，
重新定義世界上的物件。

許多時候，你需要表達自己的想法，但表達有力道差異，更有效果差異。有時我們會詞窮，但更多時候即使你講了一堆，對方卻沒抓到重點。你沒有留下深刻印象，甚至覺得自己白費工夫，或者，你氣對方不專心聽，不把你當回事。你氣，世界不在意你的觀點。

問題會不會出在我們這邊？

我的意思是，作為一個文案，我們通常會覺得對方沒聽懂，是我們的責任。你要不要也試著這樣想？也許對你的溝通有點幫助。那麼文案的說法通常會是怎樣呢？

影像化、標題化你要說的話

我們來說，標題。

試著想像你要談的事情，用圖像思考。它如果最後被結晶，被精鍊成為一句話，像個招牌一樣，放在你頭上，放在你的汽車上，放在你的整個會議上，放在你今天耗費八小時完成的簡報上。它漂浮著，它巨大顯眼，它代表你的智識集合，它是你所耗費的經歷總和。

它是你。
它撐得起來嗎？
它夠力嗎？
它精準嗎？
它溫暖嗎？
它有趣嗎？

它是所有你會拿來檢視自己的標準，所有你會拿來確認今天工作成果的評估方法。

它是重量感。很多時候我會希望自己的話語有重量感，在歷史上，在影響上，在銷售上，在文化上，在爆笑上，在人性上。

不管是哪一種，當你有這種自覺，事情好像會開始有點不同。你會稍稍專注一些，你會把眼前的工作不當成只是工作，你會想起一些你本來只有在夜半的枕頭上才能想起的大事。你不會隨便，你也不會隨便浪費地球的資源。

你的時間也是地球的資源，請不要忘記。

錦上添花只是基本盤

舉個例子，沒有很好，但是個例子。這樣比較容易讓人了解我實際的工作方式，也許你可以應用在你日常的發表想法上。

我之前拍了一部汽車微電影，電影中，男主角學小時候印象中的爸爸那樣，帶孩子出去旅行。路上意外不斷，有喜有樂。最後才發現，他帶的不是孩子，他帶的是爸爸，帶爸爸去爸爸曾帶他去過的地方。而爸爸已經垂垂老矣，但臉上溢著的是欣慰。這時，寬闊海面上具不同藍色層次的天空，浮現一句話，來總結。

我在構思這故事時，就覺得最後應該要有一句話，可以點出故事，但又要和故事有點距離，好創造出足夠的想像空間。

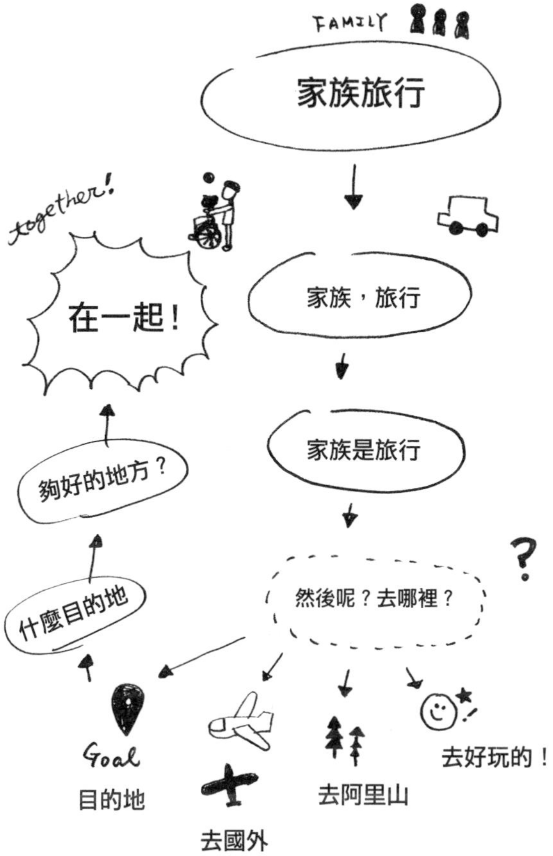
FAMILY
家族旅行
家族，旅行
家族是旅行
然後呢？去哪裡？
?
together!
在一起！
夠好的地方？
什麼目的地
Goal
目的地
去國外
去阿里山
去好玩的！

就好像有個女孩已經長得很美了，你若只是說一句「她很美」，似乎就有點廢話，還不如就安靜吧，安靜地坐在一旁，閉嘴，不要打擾人去欣賞她的美。真的想講話，就要有意義，在她美的意義上，再加添點什麼，再弱，至少也該是錦上添花。

你仰望的大師高度，決定你的高度

我很喜歡電影「東京物語」，如果你沒看過，趕快去看。堪稱日本戰後最優雅代表的女主角原節子，在二〇一五年十一月以九十五歲高壽離開我們，而全片的每個鏡頭和對話，都是經典，讓我尊敬，並以暖暖的血液流動來回應。

導演小津安二郎，不論創作哪一部電影，總讓人覺得是如同賣豆腐一樣的自然純正，沒有多餘的炫技，就連片名也沒有多餘的矯飾字眼。

我想寫出那樣的東西。

當你這樣想的時候，你會覺得有點苦惱，因為你憑什麼跟大師相比。但就像絕地武士的啟蒙一樣，大師是很重要的，你的大師愈大，你的心眼應該就不至於小到哪裡去。雖然跟你後天的自我訓練有關，但基本上，你仰望的大師高度，就會決定你的高度，那是一種品味。

那要怎麼寫呢？我首先想到的是「家族旅行」，因為這其實是個在講家族旅行的片子。「家族旅行」安靜的擺著，我覺得很優雅，但我又覺得，這太像是個片名而已，似乎沒有進一步的啟發。我們需要「啟發」，那是人類少數比較好一點的東西。

我們需要的是邏輯推導能力

現在大家比較不讀哲學，相較似乎容易缺乏邏輯推導能力，我覺得這可能也是目前許多人在網路上的發言，沒有觀點外，又只剩謾罵的原因。因為你明明沒什麼好說，但又拚命要說，所以只能講自己的情緒感受，而能夠使用的語彙形容又有限，最後只好用一長串的咒罵來發洩。

這當然沒關係，因為心理衛生很重要啊，每個人都需要有個宣洩的管道。但要是你的塗鴉牆上只有宣洩，那和真實世界裡的某些塗鴉牆可能會有點像。你知道在那些陰暗的角落，總是會有人過去宣洩小解，而我猜那對世界不太會有啟發。

幸好，我讀南一中時不必上課，把時間都花在看圖書館的書，其中很大量亂看的是哲學書。再次感謝那美好、善待人渣的校風。

話說回來，哲學提供的是思考方法，但你要怎麼想，是你家的事。比方說，有個思考的派別，談的是解構，你可以去拆解事件，好去重新定義和認識世界的模樣。

家族旅行，可不可以進一步被拆解？變成家族，旅行。那要用什麼語法來連接呢？

用節奏感來定義

你可以試試，定義。

任何一種傳播，都是你用自己的觀點、重新定義世界上的物件。因此，定義是一個很基本的說話方式。這展現了你對世界的態度。比方說在許多人眼裡，金錢是萬能的。於是顯露出在這樣的觀點下，金錢是很被看重的。但如果我說，錢只是些紙張，上面畫了一些人的臉或一些動物，有時會讓人變瘋子。那你就明白我這時的角度，是從金錢的邪惡面出發。

這些都是很基本的文案功。不是當文案才能擁有文案的功力，你平常的每個話語，都應該有機會啟發別人，甚至啟發自己。

當我寫下「家族是場旅行」時，其實，就在定義了。在這定義裡，我們可以讀到什麼呢？我們除了聯想到「人生是場旅行」外，也會意識到，這是個有期限的過程，這是個有驚喜的可能，這是個你必須把握，甚至你應該要看重、規劃的。

當然它更多談到不可預期性，如同逆旅過客一般，你其實不知道你會遇到誰。而當這個誰是你的家人時，一切應該會有意義。

通常，我們可以選擇旅伴，甚至，我們可以選擇朋友，但，我們沒有機會選擇家人。這個無法選擇，其實帶來了新的一層意義，因為無法選擇，所以你會珍惜，

你可以去經營關係。

你可以讓這場旅行，是六天五夜，也可以是三十年，更可以是五十年，但長度不代表品質，你可以讓這個旅行有品質些。

而且在定義的同時，可以去思考節奏感，節奏有快慢，有變化，不呆板。讓節奏感出現，讓人願意讀下去，並在讀下去後得到獎勵。這些都是當你寫出一個有意思的定義後，伴隨而來的意在言外。

就如同繪畫和影片一樣，我們都在追求意在言外，用通俗的語言說，那就是「藝術」。

彈出個什麼？

記得我第一次聽到前輩在教導我們時，不知道為什麼我那老是重聽的耳朵發揮了奇妙的能力，我聽成「意在員外」，瞬間我腦海裡浮現的，是個大花園，丫環在花團錦簇間奔跑，員外在後面追逐著，丫環喊著「員外，不要」，啊，對不起，這是周星馳的電影。

但我真心覺得，用「意在員外」來描述「意在言外」，是很貼切的比喻。

我們都跟那丫環一樣，出身卑微，妄想用自己的方式來影響世界，所以你勢必要尋求一個能夠讓位高權重、較你高等許多的世界，願意轉頭看看你的機會。但千萬不要誤會，我不是要你當個工於心計的丫環，我們要追求的是「工於新計」。你要有新的想法，因為這世界需要你，給心新想法，那不是故弄玄虛，也不是諂媚衣裙，應該是更加扎實，更加有意思的idea。

就是，你雖然喊著「員外不要」，但員外反而願意停下匆忙的腳步，聽聽你要說些什麼震驚世界、打動內心深處被物欲縱流所淹沒的靈魂。所以，不要浪費。

不要浪費員外的時間。你要「意在言外」，才有機會達成你的「意在員外」呀。於是，我認為一定要另外彈出個什麼。對，不只是談出，而是要彈出，要給人這種感覺。

就算是溫馨溫情的影片作品，也要能夠提出一個觀點，千萬不要給人老調重彈感。再說一次，如果你的話會讓人覺得是廢話，那你還是閉嘴，比較不會被人察覺你是個廢人。

要給人一種，「哇，怎麼會想要用那個來說這個啊，但真是說得對呀！」的感覺，要讓人覺得多花時間聽你說這句話，比起沒聽你說來得值得，來得幸福有收穫。要讓人有種腦子裡突然響起「咚～」的聲音（好啦，我知道有太多狀聲詞，但我相信你知道那種奇妙被叫醒的感覺，也相信你知道我想要表達的什麼，是很要緊的什麼）。

那該彈出什麼呢？

延伸你想指涉的意義

多數時候，任何理論，我們都會去考慮它的延展性，當它可適用範圍愈大，可接受的對象愈多，我們會從「假說」，讓它晉升為「學說」，同樣的，你的創意也應該有延伸的可能性。

所謂的延伸，在任何創意裡都見得到，你一定要學會這招，因為這是所有創意人最基本，但也最常使用到的法寶。基本上就是問問題，去哪裡？會怎樣？然後呢？然後呢？又然後呢？後來呢？

當家族是場旅行了，你還可以帶給人們進一步的什麼呢？旅行會去哪呢？

你可能會說出各個景點，但事實上都有個目的地，只是當你把它拉長為人生後，到底哪裡才是你最該去、最想去的呢？還是我們的答案就是目的地本身？

那什麼是目的地？或許，這也是你可以定義它的，而當你給出一個有意思的定義時，人們也會覺得你有意思，或者，有意義。

最後的最後

最後我在提案前五分鐘，在開車前去的路上，再次微調。在原本的「家族是場旅行」之外，再加上一句，「在一起，就是目的地」。因為實在太匆促，我記得，已經印好的文字腳本就無法更改了，但，可以改提案投影的檔案啊。

有些人會覺得這不專業，覺得怎麼可以給客戶看到一個不完整的東西呢？但多數時候，我覺得比起一些AE基本動作的不專業，客戶比較關心你的不用心。更何況，我不是AE呀。

請不要誤會，我不是在貶低AE，每個角色都有其專業，而專業是在專注的領域裡提出好的作品。我的工作不是讓檔案看起來很整齊，而是要具啟發性，而那是我的用心，那是我的責任，至於其他，我們慢慢讓它更好一點。

你也可以，在任何時候修改你的說法，只要是為了讓它更好。當然，請不要朝令夕改，你是要給一個一致性的正面印象，不是成為百面人、千面女郎。

一百五十萬個不錯

在咖啡館裡，我興奮地和代理商說我想的故事，當最後講出那句時，代理商微笑對我說：「我有感動到耶！」我還補充了一句：「但我文字腳本沒改哦，因為那句是剛剛最後又調的。」代理商回：「沒關係，不錯，不錯。」後來客戶聽完腳本後，也微笑了。

我想，大概還不錯吧。但我沒想到會那麼不錯。以台灣的市場而言，通常加注了大量的電視媒體資源幫助，一支網路影片大概只要有三十五萬人看，就還不錯，就值得開香檳了。在沒有電視的資源下，三週內創造超過一百五十萬人次的瀏覽，感覺上似乎值得開香檳、開門、開瓦斯爐、開卡車……（好，我只是要測試你有沒有在看啦）。

這當然是因為有很好的執行團隊，但從網友的留言回應來看，那句話也起了作用。它歸結了整支片，但又創造一個沒有說盡的韻味，留給觀眾一個空間自己去填空發揮，製造了分享的可能。

你的想法有機會創造一百五十萬個不錯嗎？

分享的可能

這裡要很實際的跟各位討論，分享這行為。

當你看到一個好影片，分享到自己的塗鴉牆上時，你一定會想要寫上幾句話，而有些影片你一下子很難歸結出感受，那麼一個有韻味的 tag line，就解決了對方當下急於分享但苦無好言語的困境。

換句話說，一個好的文案，要解決品牌的困境，更要解決分享者可能的小困境。你可以想像，每個分享的人，都會放上「家族是場旅行，在一起就是目的地」作為影片上方的介紹，而那對於一個文案而言，是件多麼愉快且值得努力的事。

同樣的，當你有個想法要傳遞，為了創造效果極大化，更多時候，你要考慮二手、三手傳播。你試著想像，這個會議結束後，其他部門主管，可能會回去跟他的下屬分享，「欸，那個盧建彰今天講了一句話，我覺得好有道理，跟你們分享……」如果你可以做到，讓公司同事甚至回去跟家人說，你就成功了。

假如，你的話被孩子拿去學校跟同學講，我覺得很酷啊。再說，如果你的意見被主管帶給了董事長或執行長，那不是大功一樁嗎？那麼，你就算不是文案，也值得被叫一聲「金牌文案」。

祝福你也有個美好文案的可能。

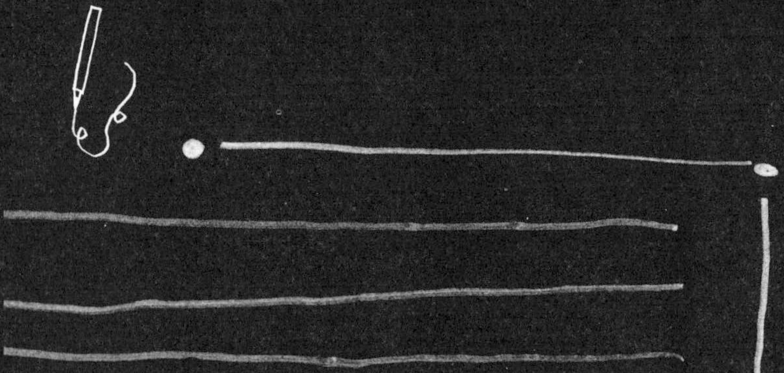

你也可以想一想

標題化思考：

試著將你想表達的內容標題化、簡單化、圖像化，用精短的文字清楚表達出來。

意在言外：

說故事時，留下一點想像空間給聽者，並在故事的最後，延伸你要談的主題，讓它發散、暈染，再用一句標題化的文案，點出故事的總結。

03

用文案管理你的組織：長文案的信仰

認同感永遠是該說的第一句話，
爭取了對方的認同，
才有機會爭取到對方的耳朵，才有機會往下說。

不只母親節快樂

組織是這樣的東西，就是你不去管它，它大概就會長成你不要的樣子。

你需要提供一些思考的準則，一些共同的信仰，你們才知道前進的方向，才能在面對困難的時候，緊緊擁抱在一起，讓風雨吹打，但臉上帶著笑，並且期待天再放光明。

舉個例子，國父那時不就寫了「國歌」，哦不對，其實是給黃埔軍校的校訓啦，那多少讓來自五湖四海的年輕人們知道自己大概是來幹嘛的，而那在許多時候是必要的，甚至，是唯一他們擁有的。

千萬不要以為光靠薪水可以管理你的團隊，不行滴。你需要文案的神祕力量。

不必我提醒，你就是一個品牌

如果你真的以為可以不必管理你的組織，那你就被我騙了，哈哈哈，那說起來，也是我這小文案的功力。但我要提醒你，你就是一個品牌，而作為一個品牌，要有個樣子。

你應該有吸引人的地方，而且那恐怕不能只是一開始而已，因為你會被人們看到很久，幾乎跟你的壽命一樣久（這句話雖有廢話之嫌，但只怕很多人沒想到啊，大家現在只想短線，這也是黑心的開始）。

就像任何一個品牌一樣，你應該試著讓自己有長文案，能夠被閱讀，值得被閱讀。

而要能夠被閱讀，通常需要一個重要的東西，很單純，但很重要。那就是信仰。通常我不太愛提這個字眼，因為信仰在台灣很常被濫用並妖魔化，但因為你是那個我看重的人，所以，讓我勉為其難地分享。你要有信仰，然後，讓人理解你的信仰。一個品牌是這樣，一個人也是這樣。

一個品牌，如果只有產品，就像一個人只有身體一樣，那麼，很容易被秤斤論兩賣，無法有太大價值。而信仰也沒那麼了不起，就是跟你呼吸一樣，跟你喜歡的陽光一樣，你喜歡在意的東西，你眼睛注視的地方，你的生活總和，那就是你的信仰。

當你先找到你的信仰所在，然後往外發散，找尋那些生活的每個層面，擴張每個你想得到的經歷，它就會變成一篇還可以的長文案。

不只母親節快樂

每年四月時，全台灣的廣告創意人，都會突然變成很愛媽媽的人，至少我入行的這十六年都這樣。我接到這工作時，就不想只是那種「謝謝媽媽我愛您」，那以文案來說也太淺了，更對不起我媽媽。

作為一個留著長髮、很常被誤以為是媽媽的我，看著妻，我就想，有什麼是真的會讓媽媽快樂的呢？

母親節要送妻禮物，很不容易，因為她是個相對沒有過度物欲的人（這相對不是只相對我，欸，好像愈描愈黑）。那麼，我們就可以問，那妻在意的是什麼？這是一個合理的推論，到這邊大家都可以跟上吧？在那之前，應該要先爭取妻的認同（這對我來說，一直不容易）。

後來，我是這麼寫的：

這世上有兩種人
一種是媽媽
一種是被媽媽照顧的人

母親節快樂只有一天
而母親要辛苦好幾百天

辛苦就算了
心痛苦，才苦

怕辛辛苦苦餵孩子吃的全是毒
怕辛苦上班孩子沒人顧
怕孩子不知道將來書該去哪裡讀
怕孩子連呼吸都得小心恐怖
怕孩子連有水都奢侈
還要怕長輩不夠完整照顧

心苦呀心苦

真的說起來
媽媽要快樂
家人先要平安

我們來努力
希望媽媽以後

不只母親節快樂

認同感是該說的第一句話

請記得，認同感永遠是該說的第一句話，因為，爭取了對方的認同，才有機會爭取到對方的耳朵，才有機會往下說。

真正的認同，是不出現認同的字眼，但能理解對方的難。

並不是說對方的喜，就不值得談，而是跟痛覺一樣，那是最能觸動人類感官神經的，當你理解對方的難，要往下談，就沒那麼難。媽媽的難，都是跟孩子有關，而且苦，都是為孩子的苦，而當這些被理解，甚至被在乎，那就是她們最大的快樂。

以下是我當時寫下的創意說明：

畫面呈現媽媽照顧家人的日常生活，期待藉著年輕媽媽、中生代媽媽、老媽媽的尋常作息，帶到媽媽內心真正的憂慮。包含食安、教育、托育、長照、環境等議題，最後以「不只母親節快樂」收尾，讓媽媽被打動。

動作設定：

期待可以帶到媽媽教孩子功課、媽媽打掃家務、餵老媽媽吃飯、幫老媽媽拍痰、人行道推嬰兒車、接送孩子上下學、媽媽幫嬰兒餵奶、拍嗝、洗澡。

場景設定：

空氣汙染、水龍頭缺水、職業婦女上下班、農田、醫院

論述需要邏輯

你可以看出論述的邏輯嗎？先是把全世界的人拉過來，點出只有兩種人，提出理解媽媽的重要和辛苦，並先帶出母親節，但是說媽媽母親節外也要辛苦。這樣就和其他母親節賀歲片（誤）切開來。

在「辛苦」後，轉為「心苦」，藉以談媽媽內心的風景，談擔憂，就能讓整支片比單純祝賀全天下的母親快樂，來得真實，更能進入對方心裡。

你一定得試著讓自己有能力在論述事情時，可以從前、從後、從影響、從原因、從對象、從世界、從自己，來回跳動，並保持平衡感，這絕對需要組織能力。

而當你有這樣的組織能力後，還怕哪種組織呢？

實際執行時，我自己帶著攝影機，記錄了返鄉陪媽媽看診的過程。沒想到，竟成了全片少數有陽光的鏡頭，因為台北連續幾天下雨，正式拍片那天還下超大雨。我問攝影師怎麼辦？他說他只能拍出詩意，但拍不出陽光。

現在回頭看，對呀，在媽媽照顧家人的路上，總是艱難，總是有風有雨。媽媽們要的從來也不多，就只是在她幫家人擋風遮雨時，不要再有人來搗亂，搞些食安、教育、空汙等問題。說真的，媽媽真的想，不只母親節快樂呀。

樸素食堂

樸素食堂是好友妮可在品牌 Brut Cake 外創造的另一個副品牌。我知道這個品牌的出現是因為工作室裡幾個夥伴，不想每天中午傷腦筋要出去吃什麼，就決定彼此輪流下廚，每天由一位負責，菜色自行設計。但不管變出什麼，總是有他們自己的樣子，健康、簡單、素樸。

日子久了，他們就想說也可以跟朋友分享。分享食材，分享生活理念，於是他們成立了簡單的小食堂，妮可和福田兩位藝術家畫了幾幅很有意思的畫，叫我寫上文案搭配。

作為一個長期喜愛與關注這品牌的傢伙，我當然欣然應允，儘管，工作時間只有兩個晚上，但那有什麼關係?你愛上一個人的時間，可是比兩個晚上少上很多呀。

我想著他們的樣子，想著他們總是選擇最健康的方式，想著他們在廚房裡開心討論的模樣，想著他們總是用很多飽滿的熱情，像太陽一樣仔細地觸碰手上的食材，我覺得，可以更自由奔放一些。

我想要用對話、故事的形式，來呈現他們那種素樸但豐厚的情感，而那應該可以有一點什麼不同的情趣。而這當然來自於，我理解他們的信仰。

請嚐嚐看，請用平淡的心情看看。也許，你會覺得不夠鹹、不夠油，那就對了。

高麗菜西紅柿黃瓜蘿蔔篇

菜：你們最近好嗎？
西：很好啊，跟平日一樣。
蘿：昨天好今天好，明天也好。
黃：也好，風在吹，鳥在叫，好哇！
菜：好了好了，欸對了，那件事怎麼辦？
西：涼拌啊，我們不都是良伴？

檸檬篇

「顏色很單純的，裡頭味道也很單純。」

是嗎？

很多人不是這樣啊？

所以，我們才要學習

學習回到原來的樣子

就算酸一點點也沒關係

荷包蛋篇

今天太陽大嗎？

很大吧

有多大？跟這城市一樣大

那方便來兩個太陽嗎？

我需要。

說完話的時候，她笑笑的，一副這應該很簡單的樣子。

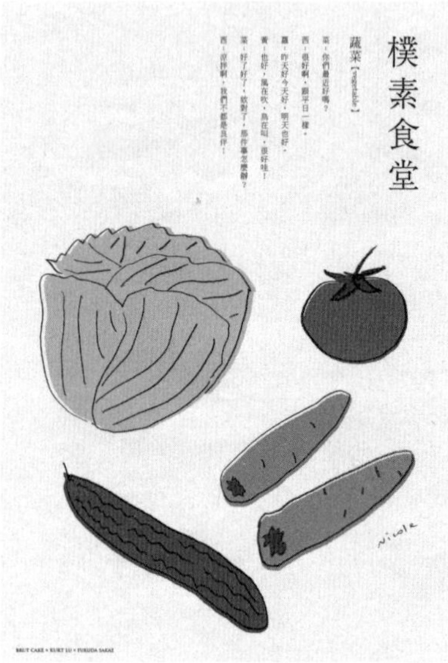
樸素食堂
蔬菜
菜：你們最近好嗎？
西：很好啊，跟平日一樣。
蘿：昨天好今天好，明天也好。
黃：也好，風在吹，鳥在叫，很好哇！
菜：好了好了，就對了，那件事怎麼辦？
西：涼拌啊，我們不都是良伴！
Nicole

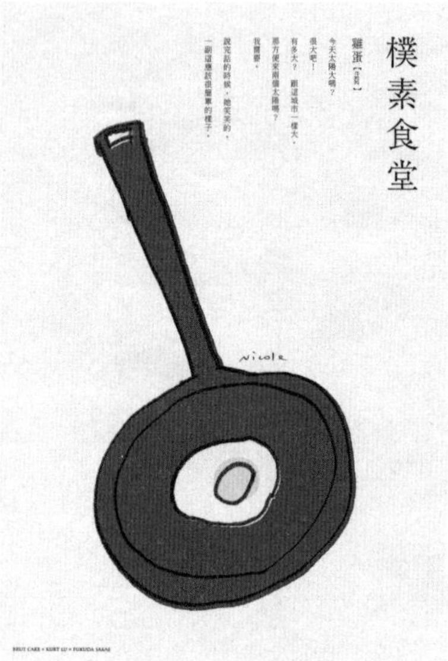
樸素食堂
雞蛋
今天太陽大嗎？
很大吧！
有多大？　跟這城市一樣大。
那方便來兩個太陽嗎？
我需要。
說完話的時候，她笑笑的，
一副這應該很簡單的樣子。
Nicole

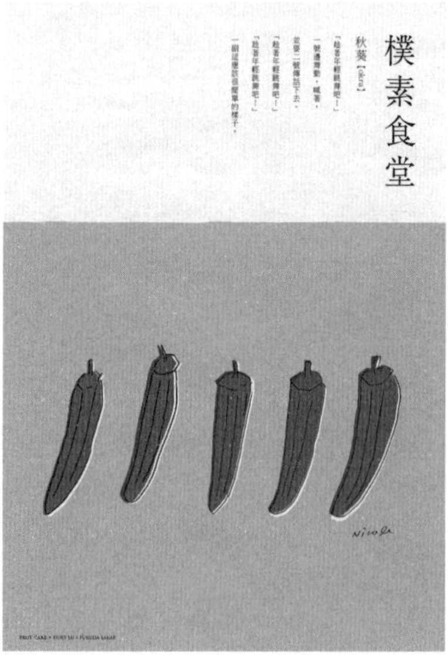
樸素食堂
秋葵
「趁著年輕跳舞吧！」
一號邊舞動，喊著，
並要二號傳話下去，
「趁著年輕跳舞吧！」
「趁著年輕跳舞吧！」
一副這應該很簡單的樣子。
Nicole

樸素食堂
鹽
下雨的時候微笑，是一種禮貌。
對你是麻煩，對稻田的可能是恩賜。
撒地上的鹽巴，給他們點味道嘗嘗。
那天賣鹽的婆婆這樣說。
我不好意思說，我家是賣傘的。
你可以輕易的說謝謝的。
Nicole

要講的，不要講出來

你會發現，這幾篇文字都有個共通點，就是他不是那麼大喇喇地把想講的中心思想講出來，也許有點間接，也許有點不是那麼一目了然。

是這樣的，就好像如果你總是開口閉口說「我愛你」，聽久了，感覺，也就不是那麼我愛你了。但是，他的情感是活潑，外顯的，你可以輕易地讀到他們食材間彼此的熱情，而這跟「樸素食堂」的信仰是相吻合的。

分享了兩個不同屬性的長文案，不知道你感覺如何？你一定可以比這更好的，畢竟我是個北七呀。

很多人說現代人不讀長文案，照這說法，應該不會有政論節目、「康熙來了」等綜藝節目、脫口秀、電影、小說了。

其實，你每天看臉書，不也是一堆文字嗎？有個統計發現，人們相較於二十年前，每天閱讀的文字量是增加的，只是太多稱不上是作品。對呀，你每天看人家分享近況，有因此改善你的近況嗎？

我傾向樂觀，我的意思是，當大家都寫得差，你只要稍稍寫得好一點就會很好。

從今天開始，你臉書的近況分享，可以更有條理、更有溫度，就算只是食物照，可不可以是個故事？你在和公司內部溝通時，可不可以除了你原來那種無趣的條列式外，創造一個讓人想讀下去的故事email？

你和女友吵架後，可不可以不要再只是「對不起，我錯了」了事，那看起來，真的沒有創意，也真的沒有很「對不起」耶？

算了，不必多說，你知道我在說什麼的。

識字，不一定就不是文盲喔。

你也可以想一想

長文案：

不是寫的多，就是長文案，要有信仰為基底，活出生命，寫出生命。

文筆不用過度直接：

與其粗暴明白，不如優雅層次。尤其，把對方當笨蛋的，通常自己最笨。

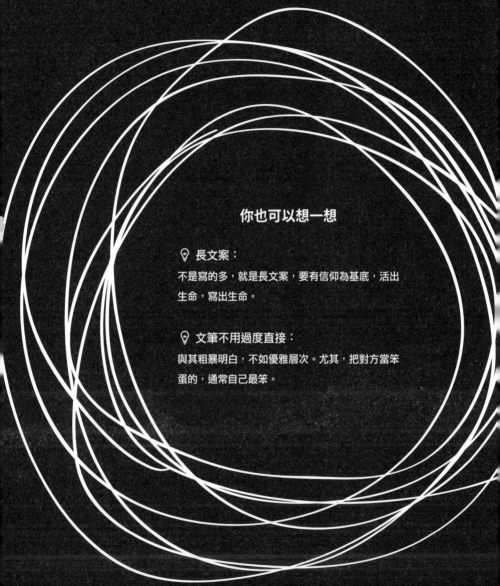

04

用文案處理你的對手：如詩般的優雅

我們常犯的錯是，
因為空格在那，所以我們就急著去填滿它，
而沒有一個完整的論述邏輯。

處理對手？這裡的「處理」是電影教父的那種「處理」，唸起來如國語的「出力」，正是所謂的「文書處理」。

才怪。

我們的生活充滿了對手，有的怎麼看說什麼都不太對，但還是我們的對手。有的沒有手，比方只出一張嘴的，還是我們的對手。有的整天只會犯規打手，影響你出手，你一定要把他當對手看待。還有，煩死人，不太厲害但整天像討厭黏膠很沾手，你更是會想給他剁手，只差沒當殺手。

對手那麼多，真是有夠麻煩的，而且恐怖的是，不慎選對手的話，一不小心，你還會變成你的對手，那才是麻煩的開始。

這時你需要文案的力量。搞定，擺脫，躍升，忘懷，穿透，改造，變身。不管是哪一種，大概，都不會脫離詩意的範疇太遠。

你最好使用詩意，因為你的對手通常不會想這樣對付你。處理對手，不要被對手處理。

好文案用斷句

之前有位民意代表，很擅長發臉書文，後來還被說是「止兀體」，非常特別。有人分析，認為其語法簡潔有力，且斷句俐落，非常適合現代網路閱讀，當然，不保證內容正確睿智，不過就閱讀而言，是十分易讀的。

小說家駱以軍也出版過一本書《臉之書》，也有異曲同工之妙，輕鬆寫意，讓生活成為文學，讀來十分有興味。

我的學習是，作為一個文案，確實要與時俱進，你的東西讓人想看想理解，勝過你的東西生硬如石，難以下嚥，丟出窗外還會傷人。

以適合、如詩般的韻律，讓你的思想被表達，以稍稍口語一點的文字，讓人不再感到距離，都是恰當的。不要刻意寫你以前覺得像廣告的文字，因為那手法很老，甚至讓人覺得你別有所圖，或者自命清高，而這兩樣，對於你的分享都沒有幫助。

當所有人讀最多的文字來自臉書，你的書寫，是不是也可以有個方向是經過稍稍微調的？不是要向什麼主流靠攏，而是回到一種更親密、更優雅，更容易在一起的對話。

就跟交男女朋友一樣，你總不會刻意要用讓人討厭的方式示愛嘛，你的內容物還是可以言之有物、條理分明，但不必在一開始讓人聽了就想轉頭。

好文案不否定否定句，但否定別人否定

「不要用否定句」，你或許聽過某些前輩這樣的建議，甚至有人會把這當做規範。我自己傾向先不要急著否定，畢竟對方也是用否定句來指導你啊，這會不會也是在證明否定句的好處？

一般認為正面論述比反面論述好，我覺得都好，重點是，你有在論述嗎？

我們常犯的錯是，因為空格在那，所以我們就急著去填滿它，而沒有一個完整的

論述邏輯。

這當然是效率時代的問題，我們急著回答，好顯示我們是有想法的人，也可能是以前考試時間帶給我們的膝反射。只是，講得快不一定講得好，你看看臉書上多數人的個人近況分享，就會清楚。對於社會事件的回應，迫切地需要在每一句後面擺上驚嘆號，但論述內容卻只有情緒字眼和重複性的咒罵，而沒有條理的分析，其實，說不定也是種資源浪費。

你看，我花那麼多篇幅說一個看來正面的論述，但，會不會只是一句「不要只會用空洞的驚嘆號」，就可以解釋了。

「欸，那個不可以吃啦！」我常常跟女兒說這樣的話，雖然她還聽不懂，但這句話要如何用正面論述呢？我想了五秒，想不出來。就算想出來，我猜，她還是聽不懂（「喂，妳要吃可以吃的啦！」問題是，她不知道什麼是可以吃的啊？）

更別提，三千六百年前的「十誡」寫法，更完全就是負面表列，「不可殺人、不可姦淫、不可偷盜、不可作假見證陷害人……」哪一個可以用正面表述呢？但它提供的效用應該都是正面的。

不要弄錯了，你的對手通常就是你

最後，我覺得，作為一個文案，應該要有理解實際競爭態勢的能力，你的對手那麼多，你整天想一打十，就累了啊。既然我們都知道「自己的國家自己救」，那當然，可以自己來想辦法。

覺得客戶很弱？自己的客戶自己養，培養出好品味的客戶是你自己的事，你可以多找他聊天，把你對你好朋友的那套拿出來，帶他去看電影、聽音樂，把看過的好書拿給他，在他變好之前，你已經變超好的。

覺得老闆很機車？自己的老闆自己愛，你可以用你神祕的愛心，把他變成你愛的樣子。

覺得自己的身體線條不好看，自己的身體自己動，你就從沙發和手機螢幕爬出來吧，你以為一直看那邊就不會看到自己嗎？你還是得洗澡的。趕快去運動吧，在變瘦之前，你就會變帥變漂亮。

用詩意好好的處理你的對手，而且處理到最後，你會發現，你才是你真正的對手。

詩意不是寫詩而已，
是活得像首詩，
漂亮一點！

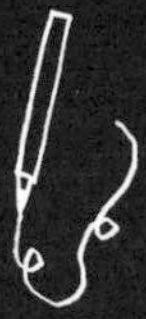

你也可以想一想

論述邏輯：

正面論述或反面論述都可以，重點是要有邏輯，才能言之有理，說服自己與別人。

詩意：

以詩意的、略為口語的文字表達想法，不需刻意將它廣告化，讓聽者與讀者有親切感。還有呢？你覺得呢？

05

美學與邏輯學的平衡

不一樣的想法和做法就是創意，
這大概是創意最不會被挑戰的定義方式。

「蕭邦鋼琴大賽」是國際間非常重要的音樂大賽、音樂界的奧林匹克。五年舉辦一次的大賽，全世界的鋼琴家都卯足勁，全力參與，說是世界最重要的鋼琴競技一點也不為過。舉世矚目，各種媒體報導，甚至許多國家是以近乎全版的篇幅報導出賽選手。

甚至，我喜愛的日本作家中山七里，更以這場大賽為故事背景，寫了本推理小說《永遠的蕭邦》。我看得興味盎然，也才知道有所謂「波蘭的蕭邦」這樣的說法。就是說，就算你的鋼琴技巧精湛出眾，但不一定可以拿到最高的名次，你必須彈奏出波蘭人認同的蕭邦，就是那流亡海外但心懷祖國的鋼琴詩人，就是那曾經被壓迫卻不曾屈服，不曾輕易放棄堅忍反抗的波蘭精神。

寫到這，我都激動了，同樣是小國，同樣有類似的歷史背景，那屬於台灣的音樂呢？屬於台灣精神的文化在哪？是不是一樣可以驕傲地抬起頭讓世界尊重？

台灣可能無法巨大，但可以偉大啊

但有個令人悲傷的消息，今年的蕭邦鋼琴大賽，參加者眾，包括亞洲的中、日、韓等國都有許多優秀選手參加，甚至進入最後決賽，而台灣呢？進入會內賽的人數是多少？是零，一個也沒有。

在難受之餘，我們來聊聊創意。

由於缺乏天然資源，台灣早就該擺脫代工業思考，進入創意思考，各種產業都該以創意來思索自身的立基點為何，不管你是服務業、製造業、自由業，甚至餐飲業，都得有創意思考。這不是明天才要發生的事，而是前天就該發生的事，可惜，我們錯過了。

只有創意，才能避免你被殺價、被抽單，才能讓你的孩子不再只領22K。

只有創意，才能讓渺小脆弱的台灣，偉大。關於創意，我只有畏懼，只有虛心，和滿滿的期待。

只會背答案的教育

如果你問我作為一個現代的創意人，應該具備什麼條件，我認為，邏輯和美學是最重要且最需要培養的。

我們過去的教育太缺乏邏輯的推導，導致我們只會等答案，背答案，毫無自己思索整個事件來龍去脈，並提出自身獨特觀點的能力。

你說，哪有，我們都有學「試證明 1＋1＝2」啊！

對，我們連證明題都用背的，連申論題也用背的。這是多麼悲傷的事，但更難以想像的是，我們現代小學生的美術課竟也考背誦。不騙你，就在現在，小學美術課期中的測驗，竟是考注釋：請說明國畫中「捺」的筆法？而且解釋差一個字就全錯。

為什麼不是讓孩子畫出心中的想像呢？我實在無法想像。

麻煩教育部的夥伴和我聯絡，我可以告訴你，是哪個國小哪位老師，你們想怎麼處理是你們的事，但我必須說，我不是生氣，我是憤怒。我恨這些自己失敗並拖著下一代下水的人，你們毀了我們的未來。如果我可以搭上電影「回到未來」的時光車，我多麼想回到過去阻止這位老師成為老師。

理則學

但在談美學之前，我們還是先回到邏輯。

邏輯學就是理則學，其實應該是所有學科的基本，由此才能衍生出理性思考，探究事物的前因後果，並提出可能的解決方法。光這定義，不就非常適合台灣的困境嗎？

面對你的企業，理解你的品牌真正遇到的問題，然後有邏輯的找出一個別人還沒找到的解決方案，這不只可以賣錢，還可以幫助很多人。

這比背誦來得太有價值了。說到這，我仍舊要再次感謝二十年前的南一中教育方式，完全放任，你想怎樣是你的事，所以在被別人搞砸人生前，我們都快速地學會如何搞砸自己的人生。

於是，你大概知道負責任是什麼意思。

現在因為臉書的關係，大家被迫（？）都得表達自己的意見，一整天下來，你可能會發表不少文字，也看到不少文字。有個調查顯示，相較於十年前，我們的文字閱讀量增加了，但我們讀到的知識減少許多。

為什麼？因為我們普遍缺乏觀點。於是，突然出現的自由發揮，我們擁有了自由卻無法發揮，只好用「今天在哪裡吃什麼」好確立自己的存在感。關於這點，我自身感受特別強烈，深深反省中。塗鴉牆上，除了快速反應的情緒性髒話外，你還可以寫什麼？

我們面對的媒體亂象，或者網路上不負責任的言論，發生的主要原因，也許不是過度自由，是缺乏邏輯思考的結果。

對於關注的議題拿出你獨有的解決方案，就是擁有創意的開始，我們多數面對的問題不是沒有正確的答案，而是好像沒有問題。

如果你的臉書就是議題的展演場，如果你的臉書就是你觀點的發表空間，意識到觀點匱乏的同時，你就有機會成為有想法的人。而不一樣的想法和做法就是創意，這大概是創意最不會被挑戰的定義方式。

美學是解決方案

邏輯讓你理清思緒，面對問題，但解決方案恐怕都還是得來自美學。美學包含音樂、美術、空間、色彩學，林林總總，大概都是形而上、無法具體捉摸的想法和品味，但卻又可以具體成形出現在生活裡，成為對策。

但這時麻煩出現了，我們沒有美學素養啊，我們只有應付考試的快閃記憶體。

而多數時候，你背過的那些省名、已改名的鐵路，竟派不上用場，就算這時想打電話給美術老師、音樂老師也沒用，因為那堂課早就被挪去考數學了。

下一個更精采。在國外，幾乎看到最厲害的建築都是政府機關，因為土地取得成本稍低，規模較大，未來可使用的人數多，更不必過度考慮商業回收利益，就有空間餘裕，有機會邀請國際建築大師率性揮灑，創作出讓所有公民驕傲的公機關建築。

但在台灣，每個城市裡，最醜的可能都是公家機關，你問，怎麼會差這麼多？難道真是外國月亮比較圓嗎？

原因很多，但也許其中有個原因是，我們的公務人員，經過高考特考層層淬鍊，或許是考場上的常勝軍，但在過往的人生經驗裡，被迫犧牲掉吸收美學涵養的機會，造成普遍美學品味略差。於是審出來的圖就弱了，蓋出來的公共建設就差了，該有樣子的，就沒了樣子了。

美學很難嗎？

我不會去批評大家都在討論的「美學之歌」，哦？你不知道是什麼？你只需要上網搜尋就可以聽到看到了。我猜測，這被人挑戰的作品可能和前述的原因有關。我至少可以說，總算有公務員正視美學教育這問題了，所以他們努力的想宣導這概念。但可惜的是，畢竟，他們自己也是過去制度下的受害者啊，所以，成果讓人有點害羞。何不多點包容，把這當做開始呢？停止批評，你自己培養美學，你這秒懂美，台灣這秒就更美了。

那美學很難嗎？也許是，也許不是。

你畫畫嗎？你唱歌嗎？你會樂器嗎？這些過去我們覺得不正經的，現在可能才是解救我們經濟競爭力的法寶，看到書店裡大賣的解壓著色本，我是不是可以樂觀地說，我們正往美學的路上前進呢？當然可以。

你還可以做更多，買本小說看，買本詩集看。如果你需要鼓勵，那我告訴你，那可能是你加薪的關鍵，未來是掌握美學者的世界，因為多數人缺乏啊，那才是你該趕快培養的競爭力。

當然，你也可以送本書給你的好友，不需要再送紅酒白酒了，比起來，閱讀才是培養品味的最佳解。

希望我們都是有邏輯的美學家，而那，可能可以拯救我們的經濟。

你也可以想一想

美學與創意：

請不要輕易放棄美學與創意，或許學生時代我們錯過了，現在開始還來得及。讀一本書、聽一場音樂會、看一部電影、讀詩，都能緩慢但一點一點累積對美的感受力，這就是創意的來源。

理解品牌問題：

透過邏輯性思考，理解品牌或客戶的問題，才能運用美學的方式解決。

Part 2

無限期支持文案的中央五大部會

01

體育部長：
運動救國論

02

勞動署長：
時間管理，你大師！

03

工具署長：
簡單的筆和小本子

05

觀光署長：
親臨現場，才有感覺

04

文化部長：
不讀書，就輸啊

01

體育部長：運動救國論

運動是挑戰自我極限的好工具。
你只要去運動時，給自己一個簡單的目標，
你就一定想得出東西來。

我們為了看NBA球員 Kobe 和咖哩（Stephen Curry），飛到舊金山，借住於好友潔西的家。潔西教我們坐BA，也就是當地的捷運，可以直達球場非常方便，又可避開球賽開打前的下班車潮。

我們雖然搞不太清楚怎麼買票到哪裡下車（好啦，只有我搞不清楚），但卻不會下錯站。因為一進捷運站，我就看到一個爸爸穿著勇士隊的球衣，拉著一個三歲小男孩，另一手拿著披薩，爸爸腳上穿的是咖哩一號球鞋，兒子穿的是咖哩二號球鞋。於是，我跟妻示意，跟著他們走就對了，而且他們服裝那麼顯眼，大藍大黃的，一定不會跟丟。

沒想到，我們還是跟丟了。

城市的驕傲

一進地鐵，幾乎四分之三的人都穿著勇士隊的球衣。所有人都一身藍藍黃黃，大家都是剛下班就快速換裝，雖然天氣涼，帶著孩子，都穿上厚實外套，但總是不經意或者刻意地露出球衣的一角。有人穿著顯眼的黃色長襪，有人戴著勇士隊的帽子，有人脖子圍著勇士圍巾，儘管車上擁擠，但彼此有禮地點頭，眼神交會，那是在交換驕傲，交換一個城市的驕傲。

是的，那天的比賽將創紀錄，勇士隊將創下NBA有史以來開季最多連勝紀錄十六場，整個城市的人都來為他們的子弟兵加油了。

他們有個人人喜愛的球員咖哩，不管在球場的哪裡都可以投進三分球，而且在球場外只想回家和妻子女兒玩。不愛去夜店，幾乎沒有負面新聞，上個球季為這城市拿下NBA總冠軍。最有趣的是，他很矮小，跟一般人差不多，常常連場邊觀眾或裁判都比他高大，這帶給人們無限的希望，覺得自己再平凡，都有機會翻身。

一個球隊點亮一個城市。當然，你可以計算在經濟上帶來的巨大收益，門票、周邊商品、電視轉播、觀光（對啦，就是從台灣飛去的我們），但我反而建議你多著眼無法呈現在財務報表上的。

運動的形而上意義

那些人們眼中閃耀的星星，那是多久我們不曾擁有的？那些彼此之間的溫婉體諒，那是多久我們難得體會的？那些忘記低薪和經濟成長，那是多久我們無福享有的？

一個球隊就可以，一個三十幾個人的球隊就可以。

更別提，運動員在場上的拚搏，創造出多少動人故事，可以激勵多少年輕人，可以讓多少小朋友因此樂於運動，擁有好的身心，減少肥胖帶來的疾病和醫療成本。

其實，我們也不要妄自菲薄。在台灣只要有中華隊的比賽，不管是棒球、籃球，我們也是一樣開心投入，完全忘記彼此的出身背景不同，更不會有任何的政治惡鬥，應該說，政治人物也不敢隨便地胡言亂語、隨意干涉，畢竟難纓其鋒呀。

比起拚經濟，愛運動絕對更能讓我們成為一個健康的國家。

你說，這和文案有什麼關係哪？我說給你聽。

處女要嗎？

有天，我有一個朋友中午去吃水餃，正當他埋頭大快朵頤的時候，一位大約六十多歲的太太走向他這桌，他不以為意，繼續吃著好吃的水餃。突然，太太用塞著滿滿水餃的嘴，問說：「處女要嗎？」

他嚇了一跳，差點把嘴裡的菜和肉噴出來，怎麼會有人在光天化日底下這樣邀約的？他硬生生把嘴裡的菜和肉吞回去，怯生生地回：「妳還是處女噢？」

太太翻了白眼，一把拿過他桌上的小瓶罐轉身就走，丟下一句：「我是說，『醋你要嗎』啦！」

講這故事，純粹是因為我想講嗎？嗯，對，因為我覺得很好笑。那跟文案有什麼關係？就像運動到底跟文案有什麼關係？

如果你有這種疑問，那就太好了，表示你不是那種隨便看書就相信書的人。但我是有理由的，而且是有很強烈理由的。

運動訓練專注力，專注力是最好的助力

我是有名的不專心，那對於創作而言是極大的缺點，甚至可以說是種殘疾（對，我有去申請「創意殘障手冊」，但還沒下來）。不知道有多少人也是這樣，不過身為過來人的我，建議你，一定要選擇一種運動，因為運動是解藥。

咖哩在籃場外的訓練方式，也包含專注力的訓練。他們會讓他戴上一副閃頻的墨鏡，並讓他一手運籃球，另一手接住網球並再拋回給訓練員，並且在指令一下的時候，就要變成交叉運球。對，你沒聽錯，兩手分別運籃球和網球，並且要交換，cross over 哦！

就算我們無法成為ＮＢＡ有史以來最會破紀錄的三分射手，而且破的還是自己去年創下的紀錄，我們還是可以靠運動來訓練專注力。因為我們天生怕無聊，而多數的運動在訓練時是極度無聊的，幾乎跟思考一樣，憑藉著的是長時間重複運

動，所以當你習慣訓練的單一重複，那你幾乎可以說你有機會勝過想不出來的挫折煩躁。

運動是想不出來時的解藥

請先接受一件事，想不出來，比想出來的時間，多上很多。

運動是少數經過醫學證實，確實有效，能精確針對腦部迴路不通暢，提供快速活絡的藥物（好啦，都是我亂說的，但也沒有任何實驗證明不行嘛）。而且，反正你想不出來了嘛，不如去運動，再怎樣，總比坐困愁城好（你看，古人都跟你說坐會睏了）。

運動都很好，不管是打球、跑步、游泳、健身，都很好。

運動都需要目標，不管是打球、跑步、游泳、健身，都需要目標。不管是時間、次數、分數，都會有個目標，好當作終點，而那激勵運動員去挑戰時間、次數和分數。

所以，一個優秀的文案如果懂得善用世界的資源，他應該很快就會意識到，運動是挑戰自我極限的好工具。你只要去運動時，給自己一個簡單的目標，你就一定想得出東西來。

那就是，**沒想到，不要停。**

不管我是為了什麼想不出來，通常，我就知道，自己要變身了。不管是換上泳褲、慢跑褲，或者只是趴到地上做核心肌肉運動，世界就不一樣了。因為你的視角改變了，你不再是那個坐困愁城的人，你可能是那個場上最耀眼的神，因為這個場上只有你一個人，所以你的表現一定會很神，而且一定要很神。

光速與超光速躍進

你可以慢慢的動起來，然後讓你剛剛的命題自己回來找你，當你愈跑愈快時，通常會產生物理學中講的「排擠效果」，那些跟不上你思考速度的雜質，會被慢慢逼出體外（中醫的說法就是排毒啦）。

你愈來愈快，你會愈來愈精，愈來愈精壯，愈來愈精確，離問題的核心愈來愈近，還有，理想的答案也會愈來愈近。

比如我昨天寫不下去，我就換上 Under Armour 的 Speedform Apollo 跑鞋。它雖是超輕量一體成形的新科技，但不貴，是我在過季的 outlet 裡撿的便宜貨。而它帶給我的，從來就不便宜而且不過時。

我和妻衝出姊姊的家門，迎著加州的陽光，往上坡使勁衝去。妻推著嬰兒車帶著女兒也以光速前進，雖然慢我一點，但那是因為我是以超光速的方式哪。當我啟動引擎時，就沒有任何煩惱攔得住我了，他們連想看到我高高揚起、接近臀部的鞋底都辦不到。

當你以你喜歡的速度前進，並告訴自己，沒有想出來，不要停下來時，我跟你保證，通常，在你想停下來之前，你已經想出來了。因為你的身體在動，而你的大腦乘坐其上，就像坐在一艘超光速的太空船上，當然思考速度是加乘的（詳見愛因斯坦的「狹義相對論」），而你要去的目的地和坐困愁城時是一樣的，那當然一下子就到了。

更多時候，你還會想，「欸，趁著超光速旅行，我要不要多想幾個厲害的idea」，結果，你就兩手空空而去，但滿載而歸了。接著唯一要擔心的是，你的腦容量能不能記住，能不能在回家時馬上把它記下，而不是先跑去洗澡，被熱水一沖蒸發，被泡沫一洗帶走。

想當頂尖創意人，運動是你一定要會的。

就算後來不是頂尖創意人，運動讓你穿什麼衣服都好看，至少省下買你根本負擔不起的名牌錢呀。

記得要大口呼吸，大口笑

如果你有獨立思考能力，你一定會問說，那前面講那個處女的笑話是幹嘛的？是的，那和運動高度相關。就是幽默。

幽默是生物很重要的一種能力，它讓人在面對艱難的困境時，知道就算沒有立即解決問題的方法，仍可以抬起頭，繼續奮鬥。

我人生中遇到的厲害人物，有的長得帥，有的長得酷，但他們都有個共通點，就是在別人笑不出來的時候，還能笑。那樣很帥氣。而那，讓他們可以解決問題，解決對手，就像最好的運動員一樣，他們在別人緊張害怕的時候，也緊張害怕，但還能大口呼吸，大聲笑出來。

最重要的是，創意人和運動員很像。當你上場，就是帥氣的開始，不管是男，是女，你都要帥氣登場，而那通常就是好作品的保證。

當每個人都在創意的殿堂上帥氣登場，

那，運動還能不救國嗎？

你也可以想一想

訓練專注力：

運動需要專注力，不論是自我練習或是參加競賽，都需要絕對的專注，將自己投入其中。藉由這個過程訓練專注力，並運用在生命的其他層面。

設定目標：

運動要設定目標，那是給自己的挑戰；工作或創意亦如此，不同階段設定不同目標，才能不停進步。沒做到不停下來，幾乎是好創意的保證。

02

勞動署長：時間管理，你大師！

你可以給自己一個上課時間的設定，
一小時後，再和世界接軌。

今天是從加州寫給大家，時間是早上五點鐘，時差被我爭取為盟友。

你總是得要面對你創作的問題，而在這巨大的世界裡，我們如此渺小，總是得尋求些盟友。以我為例，認識我的人都知道我是極度懶散、無自律神經的人，但也因此，我有更多與邪惡勢力對抗的經驗。

有時候，你會不知道自己該怎麼想，那就老實承認吧。你不會想，你想不出來，你沒有想法，你是世界上此刻唯一沒有創造力的人，你資源有限，你支援也有限，你覺得羞愧，但承認的同時，你要努力。

你想要改變，並且告訴自己，對，你曾經是世界上最沒有創造力的人，但那已經過去了。歷史就在你剛下定決心，要改變這一切的同時，一切就變了。

就如同小國一樣，你要在夾縫中求生存，你要時時警醒，你要想辦法，你要真的看眼前的世界。因為當你什麼都沒有時，你就可以把頭抬高了，因為你還有自尊，因為你腳前面沒有要看顧的財寶。

世界既是你的戰場，也是你的戰友。

光和影的爭奪

天漸漸的亮起，我在暗黑中，享受自己的軟弱。你總是要承認自己的缺乏耀眼，才有機會把自己琢磨得閃亮些，而那樣的東西，有時會被稱作寶石般的光輝。

看著天空的光譜逐漸浮現，我大方的把自己的軟弱跟你分享，因為也許有機會我們一起變強，而那是台灣需要的，更是你需要的，因為你厭倦被看輕。在你看清自己的同時，你不會隨便相信別人的磅秤，那多少有些個偷斤減兩的偏見在裡面，你可以更相信自己。因為你停下來看了自己一眼，再一眼，再一眼，最後變成凝視。

你裡面，會映照出你外面，就如同太陽並不總是刺眼，但它其實始終發著光芒，它寸度著環境變化，給世界恰當的模樣。就像你一樣，所以，你只是還沒拿出來，那些厲害無比、可以改變世界的創意。

事實上，就如同白天黑夜的更迭，你應該試著給自己一個具體的視覺。你現在正處於晝夜的交替，天就要亮了，之前或許黑暗，但那並不妨礙你面對自己的影響。你是活的，你可以，你在，你不但在，你還在努力。而那說明了一切，因為物理學上的能量不滅定律，你的投注，你的能量，不會消逝，他們會變成一個作品。

當你理解你自身的國力後，你可以和世界展開對話，你可以衡量各種資源，你可以尋求盟友，而他們站在你那邊的原因是，你願意和他們站在同一邊。

當時間的魔術師

你的創作遇到阻礙，多數是因為習慣。

因為習慣要被打斷，習慣自己打斷自己的創作，習慣半途而廢，習慣這樣就算了，這些都跟時間有關，跟你的生理時鐘有關。

因為人類的專注時間有限，這或許也跟過往我們居住在野外，而天敵太多有關。我們必須時時注意環境的變化，怕一個不小心就被野獸吞食，而那，讓我們失去了專注的可能。

在現代，那些野獸變成臉書、email、電視、網路、LINE等，你不斷地刷新網頁，深怕自己錯過了世界。事實上，世界並沒有太多變化，只是比較多廢話。

他們吞噬了你的時間，你要反擊。

拿出你的追擊炮來，打發那些打斷你的傢伙，你可以改變你創作的時間，你可以把你的工作時間改變。比方說，變成上課時間。

一小時的停機時間

我很討厭上課，但上課的時間設計其實是有意義的，他回應了人類生理學。因為你的專注時間有限，你不能再任由時間再被肢解摧殘，你需要完整化，好讓思緒被累積。創作基本上和學習的共通性就在這。

你可以給自己一個上課時間的設定，一小時後，再和世界接軌。

所以，你可以要求馬克・祖克柏關閉臉書，一小時後再開放。你也可以要求 GOOGLE 關閉，因為你不需要他們在接著的一小時營運。你也不必 LINE, WeChat, Whats App 通訊軟體，因為除了你自己，你沒有人需要通訊的。

你可以在一小時後，回到地球。你正要升空，搭上你的火箭，你要去人們不知道的地方，那裡有奇妙的 idea 等著你，而你只需要關掉那些無用的開關，按下發射鍵，出發！

出手的時間差

常打球的就知道，投籃不是靠快，而是尋求時間差。你不必每一步都比別人快，因為那樣你可能打不完半場比賽，投籃更不能求快，因為投得快但不準，你會拉低自己的命中率，而且別人也不想再傳球給你。

你要創造的是自己的節奏，你要找出對方防守的空檔。以創作為例就是，渙散和

渙散之間，你不必永遠很厲害，你只要在你出手的時候厲害，這樣說起來有沒有覺得比較輕鬆？

你不必總是那麼辛苦，你可以讓自己放鬆一點，但是當你要動腦子的時候，你就要動腦子，否則，你會失去自己的節奏感。

記得，要出手時，就要專注，眼睛盯緊籃框，當你面對籃框，上面一定有三根掛著籃網的掛勾，盯著正中央的那根，把你的球往那上方，投去。這不是我說的，這是NBA史上單季最多三分球射手咖哩說的。

風雲人物？風中蟾蜍

一如創作，你得充滿警覺，你很容易就怠惰，你很容易就套公式，你很容易就失去一個創作者的自尊。你會被颶風侵襲。

你以為你是風雲人物，其實你只是被風和雲稍稍放過的小人物，你隨時得把自己所有東西收拾好，把你的創意拿出來，在你需要的時間。

曾經聽到個笑話說，把風中殘燭說成了風中蟾蜍。但我想像著那景象，一隻自以為了不起的蟾蜍，在風中鼓足了嘴，用力地吹著，他以為眼前的風，是因為自己奮力地鼓足了肚，用力的吹出。

比起風中殘燭，我想，風中蟾蜍，似乎更加可悲。因為蠟燭至少曾經有他發光的時刻，而蟾蜍會不會只會吹牛皮？

祝福我們都能勝過風中蟾蜍，做自己的時間管理大師。

你也可以想一想

關機時間：

設定你的關機時間，在這段時間內，不能上網、不要逛臉書、不要用 Line、不要 Google，只專注在眼前的工作，關機時間後，才能休息。

工作節奏：

找到工作節奏，你不必一直處於緊繃狀態，但當你要開始動腦時，你的腦子就必須動起來。

03

工具署長：簡單的筆和小本子

想創作的你，首先得先相信，
你本來就有創意。

如果你對這世界有不滿足、不滿意，你就是創作者。

因為有不滿足不滿意，甚或把「足」和「意」拿掉，也就是不滿，那麼就表示你有更美好的期待，更有趣的計畫，更多不一樣的可能，那你就可以開始稱自己是一個有創意的人。

但請不要就停留在這裡，因為目前為止，人們看到的只是一個抱怨的人，你的想法可以變成做法嗎？你的想法可以是種觀念嗎？能夠傳播嗎？當你開始問這些問題，恭喜你，你上路了。

與其談怎麼創作，不如談怎麼避免不創作

這是真的，想創作的你，首先得先相信，你本來就有創意。你本來就會創作，只是忘記了、被攔住了、被打斷了、被時間綑綁了、被薪水沖洗了、被壓力壓壞了、被孩子攔住了（這我超不認同的，孩子是創意之神）、被臉書擋住了。

我老實告訴你，你還是你，剛剛你說的那一切，都存在也都不存在，因為你還是

你，那些都不是你，也毀不了你。

你只要有創作的意圖，你就有創意，你就是創意人。你只是要避免自己不創作而已，沒那麼難，但也沒那麼簡單。

愛因斯坦提出「狹義相對論」後，一直在思考宇宙的起源，儘管始終需要大量的數學為基礎驗算，好建構證明自己的理論，但他也不斷地在不同的訪談裡提到，他基本上是先有了一個假想，一個他認為完美單純的狀態，然後再尋求工具完成驗證。

而且那假想，跟他平常每天拉的小提琴有關。他認為，任何事物歸根究柢，回到最本質的起初，應該都會呈現一種單純卻又美好的狀態，跟音樂一樣。

創意需要工具，不是工具人

對於創意無法產出的困境，我建議你弄點工具，處理一下（出力，用台語說，比較有氣勢）。

對你的工具尊敬，他會給你相對應的回報；對你的工具人尊敬，他也會給你相對應的回報。啊不，說錯了，這跟網路上說的工具人無關啦，但我其實是個很重視工具的人，這樣也可以簡稱為工具人嗎？

我建議你早點養成屬於自己的創作怪癖，愈怪愈好，同時，愈方便愈好。

我的方式，是鋼筆和小本子。只要有這兩樣，我在什麼鬼地方都可以創作，床邊、陌生的旅館、海邊、墓園、酒吧、正在爭論不休的會議桌，我都會要求自己可以馬上寫出東西來，因為我已經有夥伴了。我已經有鋼筆和小本子了，就在我身上的小皮袋裡，我沒什麼好抱怨的，也沒什麼好要求的了。

當然，真實的情況是，你最好的夥伴是自己，你的腦和心。但因為我們雖然盡力從事精神層次的創作，肉體卻免不了活在物質的世界裡，總是找得到各種理由說自己想不出來。畢竟找問題容易，找答案比較難。

於是，你得面對自己的囉哩囉嗦藉口，好阻止自己創作。

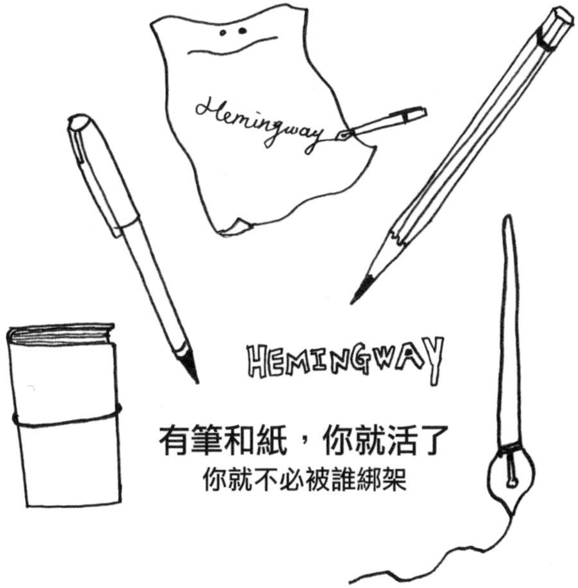

有筆和紙，你就活了
你就不必被誰綁架

工具是減少藉口的機會

我的方式是減少自己找藉口的機會。

你的夥伴呢？是 MacBook？是 iPad？是手機？無論如何，盡量是讓你可以隨身的，甚至是不會消失的，當然，如果可以，隨時取得，更好。我認識幾位創意人，只要一枝鉛筆就可以了，再爛的紙都沒關係。

那你的是什麼呢？趕快找出來，而那應該是個簡單但不容易的事。

我有了，我可以創作了。

你也可以想一想

創作工具：

上手的好工具能幫助你創作，不論是電腦、手機、平板、筆、筆記本，什麼都好。早一點找到屬於你的工具，就能早一點進入創作的情緒與狀況，也不讓自己有不創作的藉口。當然，如果有點特別更好，你會以為自己的創作很特別，結果，就特別了。

04

文化部長：不讀書，就輸啊

因為他閱讀，
所以可以得到世界上的各種知識和經驗，
甚至特別的情感，
是世界上最強大的力量，你該畏懼。

讀書不是為了不輸，但不讀書，就真的輸了。我是說輸掉全世界。

作為一個文案或偽文案，理解世界是第一要務。你當然可以說你懂很多事，但當夜深人靜會爬上你枕頭的（我好愛用這個噢），除了螞蟻外，還有你明知道自己沒那麼懂的，你得面對「你不知道」這件事。如果你不願意，那你也就不要看這本書了，因為你都知道了嘛。

好，那你知道我下一句要寫什麼？你不知道啊。我要寫「西瓜貓跳繩」。你看，我試著證明「你其實不是知道所有事」，雖然很耍賴，但比起我莫名其妙的耍賴，真的有更多你不知道，但更奇妙的事呀。

知道這些事，不是可以拿來說嘴，而是你會更靠近「理想的文案」一點。

理想的文案

我心中「理想的文案」，應該可以在手術房開刀，知道怎麼開船，熟悉量子力學，曾經獨力救過人，也可以上法庭擔任律師辯護，能空手奪白刃，能過肩摔一百五十公斤重的傢伙，打過輕量級拳擊擂台賽，會寫詩，能畫油畫，會開777大型客機，參加過F1一級方程式賽車，跑過計程車，更跑過波士頓馬拉松，生過小孩，拿過奧運一百公尺跑步金牌，也拿過游泳一百公尺自由式金牌，也得過癌症，還從監獄重生過，更打過NBA總冠軍賽，爬過聖母峰，上過太空，在MLB打過全壘打並完成完全比賽（光這就應該沒這種人噢？），寫過五本小說，最好拿到「諾貝爾文學獎」（連村上春樹都沒有的東西）。

我覺得，這樣才稱得上是「理想的文案」。了解所有事，可以跟任何人聊，理解各種痛苦，試過各種掙扎，被各種失敗打擊過。然後，活下來，還可以用奇妙的文筆把故事說出來。

好像不可能噢？既然不可能，那我們大家就乾脆洗洗睡？我傾向——努力。至少可以靠近一點點。

跟追求校花一樣，因為大家都覺得追不到，所以都沒去追。**有起跑的，才有可能抵達終點**，就可能會是第一名，就可能會追到（這不是我的人生經驗啦）。至少，你會比原來的自己跑得快。

書是你的夥伴

你可以看書。

因為你時間有限，因為你能力有限，因為你財力有限，因為你勇氣有限，因為你智力有限，所以你無法得到所有身分的生活。

最大的障礙是時間，因為你做了這個就不能做那個，你沒有美國時間也沒有銀河系時間好完成這些，但你可以得到這些經驗。

你讀書，你就知道那些奇妙，那些你可能用一輩子都無法交換到的，那些你不曾到達的幽冥極地，那些你觸碰不了的癲狂喜樂，你真的可以，而那會讓你成為一個「更理想的文案」。

只比「理想的文案」，多一個字。

我喜歡想的比老闆講的多

我曾經遇到一個有趣的案子，是出版社的一系列套書，都很經典。這案子主要在談閱讀，老闆叫我們先蒐集跟閱讀有關的資料，等於是一種發想前的暖身。

我有點偷懶，或者，不偷懶。

因為我猜，其他人都會上網孤狗一下，所以我不想。當然，這裡面有很多是因為比起雞軟骨難吃很多的「反骨」。我孤狗了一下，都是些跟教育界有關的八股說法，再不然就是一些苦口婆心，讀來真的有點苦。而且，我討厭集體的，一樣的，那常讓我感到沒耐心，我想，每個人都孤狗，那出來的不都是一樣？那幹嘛啊？

我猜，如果我是老闆，我才不想看到五份一模一樣，只是前後順序不同的資料，那應該沒有太多啟發的可能。

所以，我自己寫。

啊？可以這樣嗎？我也不知道可不可以這樣，雖然老闆那時是說，你們找一些資料，但沒有說不能找自己腦子裡的資料啊。

所有的說法，都是讀書可以怎樣，可以讓你怎樣，非常單一面向。也沒有什麼不好，就是有點無聊。我想說，我都覺得無聊了，總不好拿這去煩別人吧？我記得一件事，就是當你覺得無聊的時候，就是創意的開始。

因為你想要有聊。

我怕讀書人

我想起以前曾經讀過，曾國藩說他不怕力大無窮的人，也不怕智慧過人的人，但他怕不怕死的人。

我就想，我可以改一下嗎？比起來，現實世界裡，我覺得真正要害怕的，應該是讀書的人。因為他雖然不一定天生聰穎，也不一定有家世背景，但因為他閱讀，所以他可以得到世界上的各種知識和經驗，甚至特別的情感，他可以比一般人更能打動人，而那是任何錢財都比不上的，更是世界上最強大的力量，你該畏懼。

我就隨手寫下，「我怕讀書人」。

後來在過東西時，那時已經是其他人下班回家休息的時間，大家都很疲憊，我更想回家，因為我討厭加班，加班讓我變笨。而會議有點漫長，我變得更笨了，只想回家玩狗。所以，我隨口就講出「我怕讀書人」，帶著一點點不耐煩，一點點管他的。

但沒想到，可以清楚看到，老闆的眼神突然一亮，「你說什麼？」於是我開始解釋，雖然不是我查到的資料，但我覺得這論調有點意思，所以我大概地說明了。

老闆說：「好，我們就朝這方向，做整個 Campaign。」結果，我還沒做完，就被找去智威湯遜當副創意總監。

但那 Campaign 拿到許多獎。如果，我平常沒讀書，我一定寫不出「我害怕讀書人」。

你只會上網查？

上網查，只是最 low 的一種，以這時代而言，更是幾乎接近膝反射，因為大家都會。

我那天和南一中人渣高中同學們打完籃球，一起坐在店裡喝著飲料，吃著麵，跟二十年前高中時一樣。一位同學說，他三歲的女兒都會上網找自己要看的影片。「可是她又不識字，怎麼輸入？」大家好奇地問。「她用語音輸入啊！」

雖然我們這群人渣，都自認自己的體能跟二十年前一樣，但如果以為跟二十年前一樣只要上網查就很了不起，那可能會輸給三歲小孩呀。如果三歲小孩都會上網查，你一定得想辦法做些進入障礙高的知識獲取方式，那會讓你好一點點。既然大家都不讀書，那你讀書，不就贏了？

至少不會輸嘛。

我是個懶散的人，但我盡量每天看一本書，如果不行，那至少一個星期兩本。因為我從裡頭會得到工作上的故事，而且它讓我有話題可以聊。最重要的是，它讓我快樂開心，它讓我不覺得無聊，它讓我覺得雖然世界很難完全喜歡，但至少這世界裡有書可以看。

懶散的人，要比別人更清楚如何會快樂，因為你懶得追求世界定義的快樂。

如果可以，請買書

因為，比起沒有書的世界，我比較喜歡有書的世界。

如果你叫孩子讀書，那你自己最好也愛讀書，不然，「己所不欲，勿施於人」，這成語你孩子遲早會學到，他遲早會告訴你。

你購買什麼，就是在為那個「什麼」投下贊成票。你如果喜歡書，那麼你就該買書，否則，下一本書要如何才能出現呢？

我常覺得，作為一個文案，當然可以不讀書。但是，你也必須清楚地回答自己，那麼你到底跟別人有什麼兩樣呢？你跟非文案有什麼兩樣呢？

而我作為一個文案，我鼓勵你，多看書，多買書，因為這樣，我的孩子以後才有書看。這和「萬般皆下品唯有讀書高」無關，純粹是我的「貓之報恩」，我從書上得到的很多，而那些是我還不起的，而那些，是我希望我的孩子也能享受到的。

我愛你，我愛書，我愛你看書。

你也可以想一想

理想的文案：

應該要三頭六臂，應該要上天下海無所不知，對所有領域都要懂、都能專精，才能更了解所面對的工作與挑戰。

閱讀的累積：

身為文案，就與許多其他工作一樣，需要大量的知識作為後盾，所以你必須大量閱讀，唯有透過閱讀，才能帶你走進你無法觸及的世界。

05

觀光署長：親臨現場，才有感覺

對創作者而言，
你的人和心必須先到場，
你的作品才有機會到位。

創作基本上是找窗子爬出去，不管他是幾樓。

當你找到窗子，爬出去。爬出去後，高一點的，找梯子。再高一點的，縱身一跳，拉開降落傘，創造人們沒見識過的精采身影。

最近接了一個工作，是我不熟悉的領域，聽著客戶娓娓道來，才稍稍明白，但對他們的策略，還是有點不確定，於是乖乖說我會認真想。仔細想，這題並不容易解。一來，這題從來沒有人想用傳播的方法解；二來，這題，多數消費者也沒思考過；三來，既有印象就覺得，企業只想要無限擴張市占率。

我還沒有答案，我只有進行式的答案。

我想這對於想追求創意的人來講，才有意義。一個迷路的人，才有機會告訴別人怎樣會迷路。有些已經到達的人，說不定是搭別人的車去的，叫他靠自己再走一遍，也不一定到得了。

那我來說我的迷路吧。

不要不懂裝懂

首先是，不要「假會」。

小時候某一天，我發現可以把碗裡的飯弄成圓的，就是用碗盛著飯不斷上下晃動著，最後它就會順著碗型，變成一團圓形的飯。你也可以試試看，很好玩，當我成功一次後，就很興奮，阿媽看到也說「建彰好厲害」。

於是，得意的我，要眾堂兄弟姊妹把手上的飯碗統統遞給我。大家說：「不要啦，要吃飯了。」我說：「來嘛，很漂亮耶，把飯碗給我。」

於是，我炫耀般地拿來弄，在眾人面前，嘿～嘿～完成完美的圓。再來一個，得意的我，嘿～欸？飯飛出去了。我媽老唸我，「不要假會」（請用台語唸，比較貼切），當然那是因為我實在調皮。

我們都是專業人士，但不是各種專業人士。如果是，那一定不是專業人士，因為專業的意思，應該是某項專門業務嘛，如果真的樣樣專業都會，那你的名字應該是達文西。那個很少，因為是天才，而且是通才的天才。

我們可能是傳播相關的專業人士，可能是創意發想的專業人士，但對於某些特殊領域，就得承認，你沒有比較會。你沒比較會，就不要假會。一開始，我想要倚恃著自己的傳播專業，但馬上就察覺到危險性，做了一個手法很成功但和人心無關的昂貴作品。有時帶來的影響，比一個質樸但真心的低廉作品來得弱許多。

那怎麼辦呢？到場。你的人和心必須先到場，你的作品才有機會到位。

臨場感是重點

很多時候，我們尋求的是臨場。親臨現場，為什麼重要？

這點你問任何球迷都知道。十二強棒球賽在台中洲際球場比賽，我和妻及女兒在演講後，趕快開車下去。雖然遇到下班車潮，塞了三小時，但遠遠的看到球場的燈光亮著，彷彿把剛剛的黑暗心情完全照亮。在現場，我們看著啦啦隊彷彿吃了什麼奇妙的東西，在三小時內不斷舞動著，而身旁的觀眾跟著一起大聲喊著，眼前的球員在場內拚命地投球、揮棒，那和你從電視上看轉播是完全不同的。那是完全的真實，不管是力量、淚水，都是最直接的迎擊，你的感官，你的感情都浸淫其中，你大喊著GO GO TAIWAN!

你笑，因為安打上壘，你罵，因為接殺出局，你哭，因為全壘打，你擁抱，因為連續得分逆轉，你難過，因為最後輸了。

那些所有的所有，在現場都被放大，都是最實在的，都是最真實的存在。你做創意，就要像球迷一樣臨場。你要浸淫其中，不然至少浸泡其中，不然你可能會被自己的自大給滅頂。

你要到場，如果不能上場，至少要臨場。否則世界為什麼要聽你說，如果你沒有比人更靠近事物的核心。

知之為知之

剛剛說的進行式的案子，我找到一半的答案。

因為我對各個專業領域不清楚，所以我去詢問我身旁的朋友，發現他們也不清楚，這或許也說明了一般消費大眾其實也不明瞭。

那要怎麼辦好呢？平常都是用導演觀點的我，既然不懂，那有沒有機會，讓懂的人來講呢？

大家現在對許多議題不關心，不是真的不關心，是因為有太多的人說虛假的話，給錯誤的訊息，甚至不懂裝懂，而讓許多真正切身的議題消逝了。如果有真正懂的人，他一定有機會講述清楚，我們只需要提供資源，創造恰當的空間。

臨場，然後應變

捨棄傳統，不再不懂裝懂，我們邀請這些領域的人來自己講，但每個人只能講兩分鐘。

這些領域的人都有各自專業，一聽到我說只講兩分鐘，每個都是先嚇一跳，接著說不大可能，因為每位隨口都可以說一個小時，他們都在各自的領域二十多年了。

「沒關係，我們說看看嘛！」我說。

「很難啦。」

「不會啦，我們把握看看。」

「不可能。」

「那我請一個夥伴，你講一分鐘時，他舉一隻手。」

「？」

「你講兩分鐘時，他舉兩隻手，你就可以收尾了。」

「啊？噢好，試試看。」

其實，這是我給自己和團隊的另一個題目，就是你事先並不知道對方會說什麼。但你要如何安排場景？我們最後決定以最單純的方式處理，但以最高級、有質感的燈光來創造氛圍，營造一個適當且精緻的平台，讓對方暢所欲言，講述人們之前所不熟悉的題目。

有趣的是，幾乎每一位，都完成了，許多位更是分毫不差。

這故事還是進行式，我還在尋求另一半的答案，我相信很快會找到。因為藉由這幾位專業人士的分享，我對題目更懂了，人們也進一步有了點粗淺概念，我一定可以有盼望，盼望自己取得一個理想的創意。

因為我讓自己來到球場，站在本壘板的打擊者旁邊，貼身看他把球棒舉起擺在耳際，深吸一口氣後舉起左腳，轉動腰際，揮棒。我也站在投手丘上，跟著投手的呼吸，調整自己的呼吸，把手高舉過頭頂，扭腰，轉身，隨著吐氣，用盡全力，往捕手的手套位置投去。

我就算仍然不是打棒球的高手，我也懂了棒球。

因為我臨場。

你不跟我說，怎麼知道，

有多好玩？

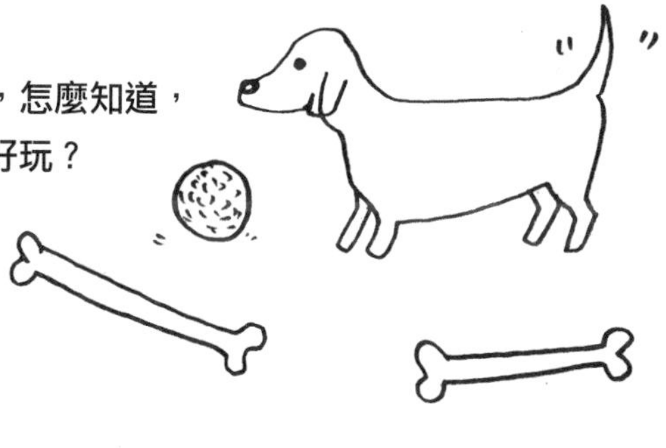

車諾比的悲鳴

二〇一五年諾貝爾文學獎得主亞歷塞維奇，她是位女記者，長期關注白俄羅斯在戰爭、動亂下的一般百姓苦痛，甚至因此和威權統治者產生衝突。她的書被禁，人被禁止出席各種公開場合，她自己也被迫流亡海外。

她的書寫方式，是花五到十年的時間，像記者一般蒐集資料，再以文學手法寫成書。她講究真實、在場，不斷地去訪問、追問那些在夾縫裡被歷史遺忘、被政權抹滅的真實人類。

其中一本《車諾比的悲鳴》，講述的是俄羅斯的車諾比核電廠災難後，人類的遭遇變成怎樣可怕的鬼故事。

書中一篇，主述者是消防隊員的太太。她的先生前去救火，第一天本以為沒事，因為被告知只是火。卻無法回家，被隔離在醫院，家人也無法探視。身上沒有傷勢的他，後來又被告知，已經被輻射汙染，身上的放射線相當於一座正在運轉的反應爐，後來又被祕密帶到莫斯科，妻子透過各種關係，才能前往探視。

沒想到，幾天後皮膚開始退化，片片剝落，妻子只是碰觸他的身體，就會讓他的身體流血，而他渾身發痛，大叫難耐，所有毛髮脫落，五官彷彿融化，逐漸變形。十四天後死亡，而那，對他是種最好的解脫。當時懷有身孕的妻子，後來生下的孩子，由於在母親腹中，曾經短暫接觸父親，一出生就肝硬化，幾小時後死亡，身上的輻射線指數遠遠超標。

這位妻子哀痛欲絕，丈夫過世，原以為有遺腹子可以相依為命，卻又遽逝。後來她更發現，孩子是為了她而死的，孩子替她吸收掉了那致命的輻射線，只留下她，講述這駭人的故事。

臨場可以應變，但你應付不了核變

我看了後，整夜未睡，因為駭然。

那宛如怪譚般的恐怖，竟是真實，而且被粉塵掩埋，企圖不被世人知曉，而若不是有這位作家親臨現場，去採訪並親身經歷這段經過，我們又怎能知道現在有如此可怕且難以豢養的怪獸？而且，一如作家的呼籲，那些支持核能者，或許，也必須要親臨現場，才知悉自己支持的是怎樣可怕的風險？

作為創意的發想者，或許，我們沒有核汙染的恐怖，但我們可以，創造比核能更強大的能量，那東西叫愛。

臨場，你就有愛，你就懂愛，愛人如己。

願你有愛，愛人，愛創作，勝過這世界遍布、恐怖一如核汙染的黑心怠惰。

你也可以想一想

從零開始：

每接到一個新的案子，先放下成見與原有知識，讓自己一切歸零，從頭開始感受與學習。

到場，才能上場：

不要偷懶，以為自己什麼都懂，用所有方法，讓自己擠到第一排吧！

Part 3

文案，氣刀體一致！

01

文案形意拳：
用對照和對方發生連結

02

文案鐵頭功：
鞠躬不是用腦方式

03

文案奪刀術：
向時代困境宣戰

05

文案擒拿術：
先有價值，
才有價值行銷

04

文案刺槍術：
做時代的代言人

01

文案形意拳：用對照和對方發生連結

把對方放進對照組裡，
這個動作讓這件事有意義，讓對方在乎，
讓對方願意聽看看你想說什麼。

就傳播而言，對照並不是什麼全新的手法，過去許多證言式廣告，時常出現 side by side 的比較，把兩瓶洗髮精給兩個人用，之後看結果。

一開始很有廣告效果，後來就疲乏了。除了大家看得多了，其實有個問題是：和自身無關，是別人的 business，是別人的事，也是別人的生意，所以，既無趣味又不想多看，最近業界就少了許多。

但是，把對方放進對照組裡就不一樣了。這個動作讓這件事有意義，讓對方在乎，讓對方願意聽看看你想說什麼。先不管你有什麼真知灼見（不是拙見哦），人家不想聽就沒用了嘛。

失控的照護

小說《失控的照護》是「日本推理文學大賞新人賞」得獎作。談的是日本高齡化社會後，產生的許多老年照護問題，成為家庭的重擔，若非高社經地位，很容易就此陷入惡性循環，愈陷愈深。為了讓彼此脫離地獄，是不是只能結束生命？我邀請大家去看的原因是，這不是別的國家的事，這是我們眼前的事，台灣整個社會曲線和日本高度相似，基本上大概慢日本十到十五年，但惡化速度甚至更快，我們離那大洞不遠。

《失控的照護》作者在書的開頭放了一段短短的文字，「所以，無論何事，你們願意人怎樣待你們，你們也要怎樣待人，因為這就是律法和先知的道理。——馬太福音第七章第十二節。」

一讀，為之凜然，就算還沒讀到內頁故事。

因為，它使用了重要的技巧——對照，而其中一組對照組，是正在看的對方。

你現在怎麼處理老年人，讓時間較少較寶貴的他們，被放置在那虛耗時間等死？將來，那就會是你要面對的悲慘時光。

兩千多年前的人，比我們懂傳播理論，知道對照以外，還知道要把對方拉進來，難怪聖經是銷售排行榜冠軍。

比自己臉書塗鴉牆上寫的還不值一看的廣告

作為一個廣告文案背景出身，我常發現自己有個麻煩（說不定也是很多行銷人的麻煩），那就是，我寫的文案很爛，比我在臉書上寫的東西爛。

多數時候，我們在塗鴉牆上寫的，總是為了呈現我們的自我，不管是品味見地、文化素養、生活感受、創意觀點，我們總是斟酌再三，希望讓自己不丟臉，希望人家認同按讚，甚至傾心我們那美好形象。

但當我們打開另個視窗，為行銷廣告工作時，卻精神分裂，拿出我們較不堪、市儈的一面。好吧，不一定不堪，但可能是偷懶的一面，直接使用前任的觀點，稍稍變化，便交卷。就算花了很多時間（對，我們很愛加班），但並沒有花很多心力，更沒有很多創意。

這是個大問題，你沒有把自己放進去，你在做行銷工作時，成了另個人，另個你覺得無趣、不具魅力、你自己不太喜愛、不想親近的人。你都不想跟這樣的你一起吃午餐呀！當你在行銷時，你該是最有故事的樣子啊，而你卻沒有個樣子。

你的想法有多重？

我們總在千方百計的想要人多聽我們一點多看我們一些，但我們講的東西真的有意義嗎？目前掌有話語權的我們，真的沒有辜負這話語權嗎？

當我們在做廣告行銷時，想到的除了對方口袋的錢之外，有沒有想過，那個消費者有一天會是我們？這是一個重點，如果你還沒有意識到你自己就是說話的對象，你一定老是亂說，胡說，輕易的說。

你的想法有多重大，決定你的地位有多重要。你說的無足輕重，也讓你無足輕重，最可怕的是，幾年後，你會發現，是你把你自己的世界弄爛的。

有時，在會議室裡，會遇到客戶夥伴半開玩笑地說：「目標就是把錢從他們口袋裡挖出來。」大家哈哈哈的一陣過去。但我總在想，如果我們只想辦法把錢從人家口袋挖出來，一定挖不出來，說不定還會被剁手。我覺得，要賺別人錢，最好先賺到尊敬。讓人家捧著錢拜託你賣他，這才是賣東西的方法。

「想要老了人家好好對待你，你現在就要好好對待老人家。」

（你看這小標題，我也使用了對照，讀來是不是稍稍較有點趣味？）

以剛剛談的老年長期照護市場來說，如果你還不在意，放心好了，銀髮族絕對會是你未來必須面對的成長市場，很簡單，他們的人數會快速成長，可運用資產最多，而他們更是可以輕而易舉的看出你的缺乏真心。你絕對得不到他們的錢，如果你沒有先得到他們的心。

把自己放進去

解決這難題的方法也不難，把你自己放進去就可以了。

比方說，以剛才的市場案例來說，你仔細去想，因為未來資源會更少，假使現在較有餘裕的你這世代，選擇了一個較差的方案，未來資源更短絀的年輕世代只能把這當天花板，往下微調。

而那調幅，到時年老的你會受不了，但你不會抗議，因為你已經說不出話來了，可能是中風衰老癱瘓，也可能是因為不再是社會主流，失去了話語權。

當你這樣思考的時候，你把自己放進去了，你會想隨便呼嚨你自己嗎？你還會隨便想個資產財富組合，隨便弄個健康保健食品的廣告好騙老年人錢嗎？你還會做個隨意說說、沒有人性在其中、以為就能混過去的作品嗎？那個坐在輪椅上看電視的可能是你啊！當你的對象是你時，你的思考不會胡思亂想，你是面對現實，腳踏實地的去想。

很多人以為行銷該是天馬行空，但我覺得，行銷是最理解現實的夢想家在做的，你比誰都理解現實，所以可以把你的夢想變成現實。

你的商品和別人的商品，最大的不同，不是商品，是你。你和人講話的方式，你關心人的方式，你眼裡不是只有人的錢，還有人。

大家笑笑，保持愉快，好好休息，因為接著，世界還需要你。

你也可以想一想

將傳播對象放進對照中：

設身處地為對方著想，談他們關心的議題，討論他們在意的事情。把自己放入想像中，避免胡說八道。

02

文案鐵頭功：鞠躬不是用腦方式

當你習慣把頭埋下，躲避對方眼神，
你也會習慣躲避問題。

受邀到學校演講一直是我願意做、但就經濟效益和時間成本而言很不恰當的行為。但就像有一回漫畫家馬克跟我說的，「趁著人家還願意聽我們說的時候，多說一點」。我總是盡量不拒絕學校，還有個原因，因為等幾年後，我的世界是由現在的學生所統治，他們好一些，我可能可以死得好一點，女兒盧願可以活得好一點。

但那天我嚇到了。

行程總是被排得很滿的我，在去那學校演講前，還有個交片會議。會議室裡，sense 很好的客戶，只看了一次就說：「很好，沒問題。」交片完成。代理商跟著說明，導演得先離開，因為還有個演講，是在某某私立學校。

「那你要小心喔，」客戶一聽校名，突然一改平常愛開玩笑的樣子，認真提醒我。

「啊？為什麼？」我納悶著，心想，是會被高中生打嗎？

「嗯，他們社經背景比較特殊。」客戶語多保留地說。

「那我更要好好講，台灣現在的問題就是貧富差距啊！」我自以為有信心的說。

因為源頭壞了

趕去的路上，陽光灑在行道樹上透出黃綠間各樣以水彩不易調出的顏色，我心想，別浪費人家寶貴的時間，想起我高中時，最怕人囉嗦。

到了體育館裡，測試投影，但聲音一直有問題。問題很簡單，就是音源線的接頭有問題，所以就算他是用專業的音響線也沒用，就算現場是十二聲道的身歷聲大型音箱也沒用。

「這個接頭本來就有點問題啊！」負責設備的工作人員理所當然的說著。

「啊？」我有點不懂。

「這本來就不好了。」對方一邊來回試著插。

「嗯，是噢？」

我看著那條較一般簡單音源線粗上許多、裡面應該是用高級銅線為傳導材質的線，看起來就不便宜，但一點用也沒有，因為源頭壞了。我拜託他解決，而且心裡納悶我之前不就在來回的信件裡再三拜託，一定要確保音源線完好，否則影響分享，也浪費了聽的同學時間。

「那插進去一點。」
「再插出來一點。」
「再插進去一點。」
「進去一點。」

看著他來來回回的，把那接頭在我電腦插孔上插進後再往外拉出一些些，試圖要改變接觸不良的問題，但果然他並無法解決。後來我努力但始終不盡完美的作品播放時，果然聲音有嚴重的受損，我只好減少分享作品的部分。

我想問大家，你的行銷是不是也是這樣？你花了許多錢、許多資源投入在媒體工具上，可是，在源頭你就隨便放過，儘管，可能內部有人提醒，外部有代理商夥伴給予建議，但你選擇放過，因為快來不及了？因為看起來還好？因為沒關係去年也是這樣做？

因為因為……你如果要找「因為」，那你一定可以找到很多的。但這些「因為」，只會有一個「所以」，就是所以你們的作品較差，沒有影響力。

你並沒有在傳播的源頭找到一個好的切入點、一個嶄新的觀點，就為了其他因

素，而往下做，最後你只是浪費掉所有的資源，跟那些昂貴的音箱、線材一樣。

參加自己的告別式

接著，同學們陸續走進占滿體育館後，突然間一個男生跑到隊伍前面，大喊「立正」，超級大聲，且拉長音，然後分解動作的轉身，敬禮後，大喊「稍息」，完全就是軍中的樣子。我到這邊已經快笑出來了，不就是國中生與高中生嗎？幹嘛要假裝軍人？何況，馬總統推募兵制那麼多年了，眼前這群孩子應該沒有機會當兵了，那又何必用這種高壓威權的方式呢？我心想，接著，還有什麼呢？

跟著眼前一千多人肅立的我，心情是十分疏離的，想的是我們想要孩子充滿創意，卻用最拒絕個體有想法的軍隊管理方式，這樣好嗎？

突然間，司儀喊：「向盧導演鞠躬問好，鞠躬……」

無法反應過來的我，耳朵透過音波經由神經傳遞到大腦，但無法理解，還在想這句話到底是什麼意思的時候，眼前突然有一千多個人對我彎腰鞠躬，那一瞬間，我整個人就要爆炸了。

一片空白的我，只想馬上飛走逃離。為什麼要跟我鞠躬呢？這種服從威權的奇怪行為，為何會發生在現代台灣社會？看著他們稚嫩的臉龐（嚴格說來，我看不到，只看到頭頂的頭髮），我想，我是闖進什麼樣的世界裡？

然後，我該做什麼回應？也跟他們鞠躬嗎？是家屬答禮嗎？

我看著他們，一方面不知所措，一方面又感到憐惜。今年的高中生，不就是明年的大學生嗎？我們老是挑戰現在的大學生素質不佳，說他們沒有獨立思考的能力，但前一年他們在高中被要求做這些動作，最好不要思考，不要舉手發言，為什麼覺得幾個月後，他們就會突然有想法呢？

看著他們我有種奇妙的感覺，但一下子說不出是什麼，後來，想到了。我覺得，我好像在參加自己的告別式。我尷尬地跟他們揮揮手，希望他們理解我的揮手，是拜託他們不要再鞠躬了，我快死掉了。

誰在挾制創意？

你的公司，也是這樣嗎？

看到總經理要鞠躬嗎？看到董事長要跪下嗎？在任何發言前都要先把現場所有長官的名字念過一遍嗎？

我們應該理解，傳統的威權體制如果有用的話，我們應該繼續維持，但台灣眼前的問題，不是鞠躬的問題。台灣的問題是，那隨著身子彎下，被放到比平常低的腦袋，只被拿來鞠躬，而沒有想出新的東西來。

當你習慣把頭埋下，躲避對方眼神，你也會習慣躲避問題。

所以在台灣會議室裡常見的風景是，當老闆問說誰有想法時，我們就集體在會議室裡，向會議桌，鞠躬。

你該給對方的是，昂起頭，拿出腦中想法，大方的跟他分享，給你的老闆一個解決方案，而他可能會給你一個 bonus 回報。真的要鞠躬，也該是老闆跟你鞠躬，為了你那尊貴的腦子產出的東西。

鞠躬並沒有錯，但腦子只拿來鞠躬，有錯。請問，在什麼樣的環境裡，鞠躬很重要呢？在不需要有腦子就能生存的組織（你知道我在說哪種組織）。台灣就是被這類組織給拖垮，台灣的年輕創意就是被這種組織給殺害的。

好好用你的腦

好好用你的腦，它主要的功能不是拿來鞠躬的。

如果你作為股東，而你的公司經理人只會叫員工鞠躬，我覺得可以把他換掉，因為他的管理方式創造出的員工，只會是充氣娃娃。如果你覺得你的員工沒有創意，而不斷的循循善誘都沒用，那麼，問題人物可能就是喜愛人們對你鞠躬的你。我們彼此都是尊貴的個體，我們的尊貴更是因為我們的創意，不是名片上的那一些字。

在這時代，會期待別人因頭銜而鞠躬哈腰的人，你也不必浪費脊椎力氣跟他鞠躬，因為當你鞠完躬抬起頭來，他可能已經被趕下那位置了。

好好用你的腦，拜託，你可以謙虛、用愛待人，但你不需要虛偽的鞠躬，因為，你不必貶低你的腦。你也不必貶低對方。

如果你覺得自己很渺小
如果你覺得自己很鳥
其實，你不太會被關住

你也可以想一想

新切點：

在傳播的初期階段，先找到一個好的、新的切點，再正式開始；若是到了後期才發現切點不對，此時才要重來，不是浪費大家時間嗎？

不要放棄動腦：

你是否也曾在會議中、長官問問題時低下頭呢？千萬不要放棄任何動腦的機會，因為那就等於放棄了創意。

03

文案奪刀術：向時代困境宣戰

以最商業的角度來看，
支持一個恰當的立場，都是最好的行銷手段。
關切社會議題，會讓企業品牌更有人味，
比化妝胭抹來得踏實且有效率。

作為現代品牌的操作，是不是必須操作社會議題？

這當然是個巨大的挑戰，但可以來看看一個例子。美國的漢堡王主動釋出善意，邀請麥當勞停戰一天，並共同推出「麥華堡」，將銷售利潤捐給非盈利組織「和平一天」，鼓勵全球停止戰爭並定下九月二十一日「世界和平日」。

在媒體眾所矚目的情況下，麥當勞竟拒絕了，執行長還試著幽默的說，「下次打個電話來就好了，不需要那麼麻煩的公關操作。」隔天，媒體一片罵聲，認為麥當勞只在乎生意，是勢利的品牌，讓原本就面對因速食不健康風波導致生意下滑的麥當勞，又陷入窘境。

有立場才有魅力

其實，以最商業的角度來看，支持一個恰當的立場，都是最好的行銷手段。或許有人說，核能是個爭議較大的議題，但關切社會議題，會讓人像個人，也會讓企業品牌更有人味，比化妝胭抹來得踏實且有效率。

台灣ＩＫＥＡ便做了極佳的典範。雖然只是販售家具，但他們把自己擴大成為家的觀念，於是你可以看到他們去改造檳榔攤，因為那也是某個人生活的家；為媽媽們發聲拒絕核電廠，因為那會留給孩子難以處理的核廢料禍害。

若以傳統思維判斷，這些行銷作為都不可能發生，那麼，品牌自然也只能保守、傳統、稍嫌無味地在一樣的行銷策略裡重複了。

ＩＫＥＡ的策略成功嗎？我覺得很成功。每個負責家具採購決策的媽媽，他們最在乎的就是家人，而你去在乎她們的家人，你就不會是她們的敵人，甚至，會是最好的友人，當然更能擺脫因為商品同質化而造成的行銷無話可說窘況。

跟人一樣，沒有立場的品牌，在這時代，更容易無立足之地。

當祈禱落幕時

《當祈禱落幕時》這本東野圭吾的小說，是加賀恭一郎系列的完結篇，雖然很蠢，但我真的覺得故事主角、警部補加賀恭一郎，長得就像阿部寬一樣，高大肩膀寬闊、臉部五官深邃，有點憂鬱，但對在乎的事，卻堅持到底。

這有時就是影像的力量，雖然多的是把文字故事拍壞的作品，但有時，一個恰如其分的影像，確實也能幫助更多想像。

但我真正想說的是，核電廠。

東野圭吾作為日本當代幾乎可說是最暢銷的推理小說家，也因《嫌疑犯X的獻身》拿到最高榮譽，我總在想，那有大利、有大名的他還缺什麼呢？我想，是遂行自己對這社會在乎的事吧。

他在《當祈禱落幕時》放了個很重要的角色，是在各個核電廠裡遊走工作，被稱之為「核電候鳥」，負責做最危險但也最低級的清潔工作，會大量的暴露在核輻射中。做這份工作的人多是社會的底層，走投無路，為了眼前的生活，寧願犧牲自己的身體健康，只因為薪資多一些。在外包再外包再外包的公司底下，進行最可憐且無人聞問並在幾年後獨自罹患各種併發症孤單死去的悲慘生活。

「核電廠呀，不是光靠燃料來運作的，那個東西是吃鈾和吃人才會動的，一定要用活人獻祭，它會榨乾我們作業員的生命，你看我的身體就知道了，這就是生病被榨乾的渣滓呀」，野澤張開雙手，從衣服的領口，可以看見肋骨根根浮現的胸口。

這段書中人物隨口回答警方問話的對話，不禁讓我想到台灣也有核電廠，是不是也有許多我們從來不在意也不曾有媒體報導的工作人員，在幾年後獨自面對那被核電廠吞噬後的生命？

贖罪奏鳴曲

《贖罪奏鳴曲》是我很喜愛的小說家中山七里的新作。從一開頭的律師棄屍，讓人驚駭，再到後來劇情的轉折，讓人張嘴再張嘴，我覺得也是說故事的精采範例。

過去我們總被教導要直接，於是行銷做到後來變得有點擾人，甚至惱人，再不然就非得打斷人們正在進行的事。這一切都在網路時代被打破，我們懇求人們分享故事，但直接的訴求卻直接被拒絕，想來也有點難受。

於是，我們轉向真正的說故事專家——小說家，跟他們請教，規規矩矩地蹲下受教。結果發現，也許，引起對方興趣的應該不會是一直重複說「我愛你」。

這位我所尊敬的小說家跟我說（這時是否要尊稱一句中山先生呢？），多數人都談過戀愛，但應該沒幾個人在搭訕時說：「你好，我是盧建彰，我愛你。」一來突兀，二來交淺言深，莫名其妙，除了無效溝通外，更應該只會被當登徒子。

「那為什麼你們在做商業傳播時，老想要這樣做呢？」他問。

「那該怎麼樣？」我反問。

「我也不知道要怎樣，不過，我知道不要怎樣。」

腦中的風景

中山先生繼續說，當我構思一個故事時，我會思考對方到時會怎麼看待這作品，我會思考他會怎麼想，然後我會讓故事線稍稍偏離對方原本的預期。當然其中也許可以讓對方先理解一個角色，到對這角色有同感，並進一步設身處地想要一起解決眼前的困境。當然，更重要的是，在人們不預期的轉角，走出一個特別來賓。

「特別來賓？」我問。

「特別來賓不一定是一個人啦，也可以是個事件。」

他繼續娓娓道來，特別來賓是一種獎勵，獎勵觀看者一路辛苦的參與，提心吊膽或者感同身受的緊張，這時出現一個原本沒預期的狀況，給對方一個提醒，甚至一個安慰。

當然，如果可以，反派變成正派，然後，又成為反派，也是一種思考的可能，這會帶來樂趣，讓對方覺得自己很聰明，是創作者該做的事。

突然間，我覺得，這句話好熟悉，想了好一會兒，終於想起，是在讀電影研究所時一位教授說的，她說：「每次看亞倫．雷奈的電影，都會讓我覺得自己好聰明，因為他讓我看到我腦中的風景，他的電影讓我去思考眼前的故事到底是什麼，然後當我想完之後，會覺得開心，因為我發現，我腦中是有風景的。」

記得，不是要讓人覺得說故事的人好聰明，而是，要讓看的人覺得自己好聰明，

所以你不能給他可以預期的笨東西。

（你看，那個你不喜歡的廣告，是不是把你當白痴？）

（那你怎麼要求代理商給你你可以預期的＿＿＿＿東西？）

（難道你覺得自己比世上所有人都聰明嗎？）

（當你覺得自己最聰明，那你一定不是世上最聰明的人。）

你也可以想一想

社會議題：

在適當時機談論適當的社會議題，是最好的行銷方式之一。想想看，你覺得目前最需要被談論的社會議題是什麼？

04

文案刺槍術：做時代的代言人

在地性，是創造產品獨特故事的開始，
想仰望追求全球化的生意利基，
必須更仔細地低頭觀看自己腳下的位置。

偶爾我會有思想澄明的時候，通常這也和節奏有關，當你被迫靜下來，你就可以讓腦子動的比較快，感知能力加強。

以我為例，大概是跑步的時候。跑步雖然在動，但其實是相對平靜的，世界喧鬧的分貝數被噪音管制，你比平常的自己好一點，不是比較聰明，只是比較澄明。而那有時會讓你成名，因為你稍稍看得清楚幽微中你的樣子和世界的樣子，不保證視力突飛猛進，但稍稍不那麼勢利。

我在地球的日子

《我在地球的日子》這本入圍「金匕首最佳小說獎」最後決選和「愛倫坡獎」年度最佳的小說，有點這種味道。地球運轉的時候，有個人（外星人算人嗎？）來，發現品酒很酷，聽搖滾樂很樂，愛蜜莉·狄金森的詩很讚，地球人努力做一些讓自己快樂的事情時，最後的結果常常讓他們自己非常的悲慘，例如：逛街、看電視、找好的工作、蓋大大的房子、寫半自傳體的小說、教育年輕人、讓皮膚看起來年輕些。

而他們心中茫然地相信，這所有的一切都有意義。

嘿，這不是我說的啦，不要急著打我。這些都是外星人的觀點，你不必完全認同，但至少有個另一種觀點，讓你從你的位置起來，從另一邊看你坐在那位置的樣子。

你的觀點，是不是僵固在同個位置呢？始終是個單向且單調的傳播者？

你的行銷策略，是你們公司內部擬出來的、跟去年前年大前年差不多嗎？你的傳播主張，是代理商幫你們換句話說、看起來好像不一樣，但其實都一樣。因為這樣老闆比較不會問問題嗎？

而他們心中茫然地相信，這所有的一切都有意義。

面對巨大困境時不合邏輯的希望

某天在台東演講後搭機回台北，班次不多，終於要飛時，竟又延誤，因為從台北來的飛機被天候影響了。

帶著孩子與妻（還是妻帶著孩子與我？），我們想找個地方覓食，但機場航站裡沒有餐廳，只有可打電話叫外送的美式速食，對，很有趣。但我們當時並沒有吃炸雞的心情，於是請教地勤空姐哪裡可以吃飯。她指著對面，原來得走出去，過個馬路才能到餐廳，也是我較少遇見的機場餐廳。

但下著雨，我們只有一把傘，所以我在心裡盤算著過河問題。

我先抱小 baby 過去，再走回來接妻，噢不行，小 baby 不能一個人在彼岸。

那，我先抱小 baby 過去，我留在那邊，讓小 baby 帶著傘回來接妻，噢不行，小 baby 不會走路也不會拿傘。

那，妻先抱小 baby 過去，再走回來接我，噢不行，小 baby 不能一個人在彼岸。

那，妻先抱小 baby 過去，妻留在那邊，讓小 baby 帶著傘回來接我，噢不行，小 baby 不會走路也不會拿傘。

天啊，怎樣都不行，我怎麼覺得好像台灣現在遇到的困境？

最後，便是三人成虎，啊不是，三人行，妻一半身體在雨中，走到對面。

（嘿，也許，我們就停止抱怨風雨，走過去就是了，我是說，台灣人的我們。）

創造新且親密的關連性

餐廳食物菜色單純，很基本的飯麵食，價錢合理，味道也OK，不像某些機場餐廳。吃畢，繼續欣賞裡頭來自蘭嶼的貓頭鷹手工藝，詢問餐廳主人，她熱情地說明，原來蘭嶼有全世界最小的貓頭鷹——角鴞，象徵智慧，所以有許多當地藝術家獨特創作。

而我們會注意是因為 baby 長得像貓頭鷹，才會多看，也才會多問。創造和消費者的聯結很重要，但像這種隨機的關聯性，實在不容易，但再怎樣總比安平老街、三峽老街、淡水老街、鹿港老街都賣一樣的牛角梳來得好吧。

換言之，在地性，絕對是創造產品獨特故事的開始呀，我們想要仰望追求全球化的生意利基，很多時候，或許必須更仔細地低頭觀看自己腳下的位置哪。

機長的專屬晚餐

臨走要結帳時，老闆娘遲遲不現身。她大喊：「對不起，等我一下喔！」隔著櫃檯後布幕傳來她的聲音，「不好意思，我們在趕著做給機師吃的便當。」

「機師吃的便當？」

「對呀，這裡的機師，不管哪家航空公司，都是吃我們家的。」

「哇，真的噢，那他們會一邊開飛機一邊吃嗎？」我好奇地問。

「沒有啦，他們飛過來之後，有半小時地勤整理東西，他們就趕快吃便當。」

「好酷喔，那我們要去搭這班飛機，可以幫你們送進去駕駛艙呀！」妻開玩笑。

邊走回機場大廳的路上（一樣是雨中三人行），我心想這家小店真可愛，除了人情味濃厚、創作有趣外，還覺得剛剛的餐點特別好吃，為什麼？

或許，我們覺得機長身分特別，總覺得他們吃的東西應該更加講究，但從來不知道機長們到底都吃些什麼，於是，本來就美味的食物，加添了些故事，更覺特別。

我忽然想到，要是店家把原本放在門口的尋常菜單招牌，加上一行顯眼文字，「機長專屬晚餐」，會不會就能改善因為不在航站大廳內而生意冷清的區位劣勢呢？

想想，你看到隔個馬路就能吃到從來沒吃過的「機長專屬晚餐」，難道，你會不願意多走兩步嗎？可惜，我為了趕飛機，沒能回頭跟可愛的老闆娘說，我就在這說，看誰有空去跟她提提喔。

被弄壞的代言人策略

其實，這不就是代言人策略嗎？用個大家有興趣、熟知且願意關注的角色，來代言我們的商品，不是行之有年，並且每天都在會議桌上被提出來，一點也沒什麼了不起的行銷策略嗎？

只是，我們已經僵化刻板到覺得代言人就一定要是藝人，就算目光再放寬一點點，也覺得非得是占據報紙版面的名人，但我們的消費者也對這些慣性的廣告麻痺了。

誰覺得一個貌美的女星會自己換機車機油？誰相信一個一線的男藝人會開國產車呢？這些人物成為表演道具的一種，要是故事本身又不迷人，那會不會在消費者的大腦裡只是一些晃動的影像而已？

何不用一個大家喜歡也在意且新鮮的代言策略呢？

美國影集 *VEEP* 連續四年在艾美獎競爭最激烈的喜劇類拿下大獎，最佳女主角蟬聯外，連最佳男配角也是他們的。非常精采，我是說在商業成績上。

故事內容其實就是講一位美國女副總統（*VEEP* 就是 VP, Vice President 的縮寫），試著和她努力但有點遜的團隊，在政壇上有點成績，但過程都是失誤、搞笑。非常精采，我是說在表演藝術上。

其實這個故事的原型人物真有其人，就是之前共和黨的副總統候選人裴琳，長相甜美但工作歷練能力有待加強。**有時候，人們看膩了優秀的英雄人物後，也想看看跟你我一樣的凡夫俗子，在這世界上如何求生存？**

當然對白精巧慧黠，且速度極快，幾乎在你還沒意識到這句話的笑點時，下一個反擊的玩笑話已經來到，成為一種很特別的說話藝術，也是片中吸引人的部分。這其實也很值得學習，你不需要超級大牌演員。但你可以用演員省下的錢求一個很棒的腳本（你還是要給好的創意好的預算，好讓他們不必去追逐其他客戶，專心地為你想出好故事），只要它和市場上的故事不一樣，你就有一個和市場上有絕對差異的行銷優勢。

而且，這不也是一種代言人策略嗎？用一個眾人皆知的身分（不一定是某某明星），重新創造出故事來，就能有效果，你仔細看片中，幾乎沒有任何要花大錢的場面，所有的故事都環繞在人身上。

角色成就明星，包括商業成就。

做時代的代言人

有趣的是，現實世界裡，裴琳慘敗，但影集大勝。裴琳早就不是政壇明星，而影集主角繼續是得獎舞台上最耀眼的明星。

還有，還有，裴琳甚至後來還上這影集客串過一集呢。

哪天你的行銷作為，讓那些名人拜託你讓他們參與，那才叫有趣呢！

一個文案，不要只想寫好文案，應該想，這時代需要你的代言。不是文案，更該活得像個文案，讓你的每個意見都有文案般分量。

你要嘛是魔鬼代言人，
要嘛是天使代言人，
但再怎樣，你都該是時代的代言人。

你也可以想一想

借用代言人：

品牌行銷多半會找代言人，但代言人並不一定必須是名人。講一個故事，舉一個其他人的例子，或許足以打動人心，或許能引起共鳴，就能是最好的代言人。你心目中還有哪些代言人？你又是什麼代言人？

05

文案擒拿術：先有價值，才有價值行銷

想法，
是沒有天然資源可支撐原物料的台灣，
可以追求也該被尊重的價值。

今天筆友寄來一筆，我抱著孩子去領，想讓她也了解那種感覺。什麼感覺？Thrill。

因為是期待許久的筆，所以當我試著用美工刀拆開盒子時，嚇了一跳。不想破壞筆友娟秀字跡，於是從盒子底下切開，沒想到，蹦出了許多細小如絲般的小紙條，我小心翼翼地翻開，彷彿尋寶般以手指輕輕往下挖開，映入眼簾的是另一個以層層細緻紙材包裝的小盒，在緩緩拆去用來保護吸震的泡泡紙後，是個大小如書本長得也像書本的盒子，而筆在裡頭。

我打開，一旁小盧願也跟著手舞足蹈，孩子是最精準的情緒感知器，她總是能感受到我的開心，並跟著快樂。

映入眼簾的是十九歲，明年就滿二十歲，可以投票的一枝老鋼筆。

當我把彈珠墨水翻轉，讓墨水來到墨水瓶的上方，把筆尖放入，旋轉筆尾，將墨水吸入，給這別人眼中衰老的書寫工具，重新注入新鮮的血液，隨著寫意，新生命由此展開。我開心且快速地動作著，小盧願在一旁望著，感染地張大嘴笑。

這時，跳出我腦海的字眼是，thrill。

你讓人 thrill 嗎？

Thrill，在英文的解釋是，a sudden feeling of excitement and pleasure. 突然感到興奮和愉悅。你的商品會讓人有這種感覺嗎？

噢，千萬別誤會，我說的不是要過度包裝、浪費資源，畢竟裡頭所有用來防震的紙片，全是廢紙機裡的廢紙再利用。重點在於，你讓人期待嗎？你的東西是東西嗎？還是稱不上是個東西呢？

當然任何東西都是東西，只是，會讓人激動嗎？在人眼裡，是 something，還是 nothing 呢？你的溝通言之有物，讓人總想知道你要說什麼嗎？你講的東西，比沒講對這世界來得有價值嗎？

馬來西亞有位知名的電影導演，也是創意總監叫作雅思敏，她每年為國家拍一支片，總在新年期間放映，談的議題都很巨大，可能是種族的和諧或是國家前進的方向。不管是哪個議題，人們總是期待，今年會談什麼呢？因為影片總是溫暖，從市井小民出發，真實且柔軟，高度安慰人心外，更會對自己感到有價值，值得在來年繼續努力活下去。

雅思敏在幾年前腦溢血過世了，多年後的我，仍然懷念她。因為我覺得，曾看過她作品的我，比沒看過她作品的我來得有價值。

她讓我感到 thrill。

假裝有價值的價值行銷？

許多人會談價值行銷，認為這是這同質化高的時代，可以追求的方向，而事實上潛對白是，高價值的商品，可能伴隨著高單價，也可能帶來高利潤。如今，不單是奢侈品市場追求精品，一般消費市場甚至是飲料，都希望可以做到價值行銷。

成本高低當然和價值有關，但原物料成本是無可避免，並且得認真付出的。有些廠家想藉由降低原物料成本方式，尋求更高利潤，一不小心就成為了黑心廠商。

說不小心，也不是那麼不小心，因為按計算機的手一定來回幾十次確認過了，一定清楚這樣做可以帶來多少利潤，就算第一個月弄錯了，多出的利潤也一定會出現在第二個月的財務報表上。

這樣的「不小心」，一定是很小心的結果，小心翼翼的不被察覺地偷天換日偷斤減兩，大概小心程度比行人橫越八線道高速公路還小心許多。而且這不小心絕對是蓄意的，否則怎麼從沒聽過有人多賺錢，然後主動說「不好意思，我們弄錯了，要退錢給消費者」的？都嘛是被發現，媒體揭露，才想到要退貨退錢。

我沒有苛責的意思，只是看著寶島在連著幾年的黑心事件暴發，我們比自己瞧不起的還更低等，而且又沒有因此讓人人富足經濟成長，只有癌症罹患機率成長，總覺這也太沒價值了吧。

我想，要賺到人家的錢，還是先賺到人家的尊重吧。

讓人有價值，才有價值

追求價值行銷時，很容易思考的方向是，如何讓商品有價值？而這很容易直觀地想到物質上的價值，那如果是其他意義上的價值呢？甚至，也許我們可以換個思考方向，假如說，你的作品能讓人覺得有價值呢？

你說，這有差別嗎？當然有差別。你很聰明，和「你讓別人覺得自己很聰明」，絕對是有天壤之別啊。

價值或許可以從其他角度追求。和妻前去宜蘭員山鄉的一間小書店，名叫「小間書菜」，上回去正好農忙沒開，這次特地撥電話確認。這小店和在地小農合作，提供一個交易平台，所以你可以買到許多用古法用心意的新鮮食材，也可以看到許多現代農夫闡述理念的書籍，當然對我這種喜歡書的傢伙，更有二手舊書值得翻找。

價值在哪裡？對我來說，時間可能也是一種價值。我興之所致，買下的是遠流出版的克莉絲蒂系列的「密碼」，出版時間是十二年前，而這本書原版是一九四一年，也就是七十四年前。

沒道理我們的商品不能從時間取材，比方說，台南的古早味紅茶，賣的不就是時間概念嗎？堅持古法，用傳統的做法提供良善的商品，這從來就不是新的做法，但這就帶出了商品故事，就有價值的可能性。還有，最重要的是讓人感到有價值，我開了上百公里的車，只為了來支持一個有想法的小書店，表示我認同她的理念，表示理念是可以帶來經濟效益的。因為做這件事、進行這個消費，讓我覺得我比原來的自己有價值。

更美好的是，沒有人可以叫作為廠商的你拿出原物料進價單，然後指三道四地殺價，因為你賣的，除了是書、是食材外，還有想法。

被輕忽的時間成本，讓人被輕視

我常覺得我們因普遍沒有時間成本的概念，所以加班，所以被殺價。我們或許眼中只有物質，所以只想到要偷工減料，卻沒想過，付出的心力本來就可以創造價

值，也該要求收取費用。

有開車的各位一定知道，原廠保養和一般汽車廠保養的帳單有很大差別，裡頭最大的差異就是，時間。在原廠，連拆卸螺絲都可以跟客戶收取費用，千萬別覺得這樣誇張，因為你沿著帳單往下看，鎖上螺絲又是另一筆費用，因為原廠技師的時間是有價值的，因為你被原廠技師服務是有價值的。在歐洲，一位汽車修理技師的薪資，不會比一位銷售經理來得低，而這意謂他是有價值的，他的時間是有價值的。

那麼不把自己心力計入成本的我們，是不是一開始就自認自己是沒有價值的呢？

價值是自己的事，而且是大事

換句話說，我們認定自己是有價值的，那麼大方地說清楚我們花費的心力，應該有機會能讓對方感受到他是個有價值的人。除非對方是個不在乎價值的人，當然那你也不需要在乎他的不在乎，因為無利可圖，對，無利可圖，所以你也可以拒絕他的拒絕呀。反過來說，當你的心力不被認定為有價值，通常也來自於對方不認為自己被升值了，那可能是你的溝通不夠精確、不夠深入。

當小農清楚地說明他們為了讓土壤不被農藥毒害，費盡自己的時間，忍受幾年沒有收穫，培養出好土，那麼我們就理解眼前的食材得來不易，也就理解此刻能手握食材的自己，比起過去的自己來得珍貴。

當你覺得自己被珍惜，當你覺得自己珍貴，你怎麼會去作踐別人呢？反過來說，也可能成立。當有人輕忽我們，我們可以繼續努力，繼續把持著心裡那發出火光的想法，因為你的心力是成本，該被尊重，首先，你就可以先尊重自己。

想法，是沒有天然資源可支撐原物料的台灣，可以追求也該被尊重的價值。

先有價值，才有價值行銷。否則不就是沒有價值的價值行銷？那離黑心，只差一個換句話說的距離。

祝福你掌握非原物料優勢。

你也可以想一想

價值行銷：

在這同質化高、競爭激烈的時代，任何商品都必須追求自身的價值。但價值不一定是高單價，不一定是奢侈品，真正的價值在於你的商品能帶給人們多少「心」的價值。

時間成本：

我們常常忽視時間成本，所以接受加班與殺價，但時間成本往往是最貴的價值。你讓你的時間廉價了嗎？

Part 4

文案是包心粉圓，裡面都要有心

01

同理心思考：
死了一個二十歲的消費者後

2

窗心重訓：
案眼看到日常的不尋常

03

真實心奔放：
騙人？你只有騙到一個人

05

人味心添加：
坐在無人機上的
是什麼人？

04

靈魂心加值：
能靠靈魂賺錢，就別出賣靈魂

01

同理心思考：死了一個二十歲的消費者後

假如你只清楚產品特性，
那你就應該待在生產部門，
而不是行銷部門。

人們只想看自己想看的。

故事是故事，但其實來自於對現代的觀察，當我們擁有垂手可得的資訊後，反而拒絕睜開眼睛。以我而言，就常感到自己對消費者理解的貧乏，甚至常常犯上奇怪的錯誤，就是被刻板印象給朦騙。

比方說宅男，宅男一定喜歡打電玩，所以打電玩的就是宅男，就是男性。所以我們的時代裡出現「殺很大」的作品，時間過去後，我們只記得「殺很大」和某女星（但她已轉型且似乎不想人們記得這作品），但沒人記得那商品是什麼。這可能是我們的時代現象，但真正麻煩的是，可能有某些地方搞錯了。

不要用你以前當年輕人的經驗去想年輕人，這想法很老

（這標題很長，因為這可能是現代的語法之一）

我在大學教書，第一堂課分別請兩個班級合計一百二十五位大一同學自我介紹，本以為大概就是看書看電影聽音樂之類的樣板答案，結果我錯了。幾乎所有人的

興趣都是打電玩，而且女生比例高過男生。

換言之，如果是一個電玩要做廣告，他對應的傳播對象可能要兩性兼具，至少，不該單單針對男性。不少電玩廣告以強烈衝擊性感官的方式執行，那樣的思考，彷彿認定會玩這遊戲的，都是對「性」高度感興趣的男性。而事實上，玩電玩的男性對性的感興趣程度，或許跟一般男性一樣，甚至對只操作「性」的行銷手法，一樣感到厭惡。

我完全能夠體諒行銷傳播者這樣的誤解，因為我自己也不打電玩，更被「宅男」這字眼的刻板印象所矇騙。事實上，要是我沒有想去認識學生，我也有可能被誤導而做出相類似的行銷誤判。

既然 Facebook, Instagram, Dropbox 的擁有者，都在三十五歲以下，那麼三十五歲以上卻主導行銷策略的人，便得很小心，因為你比你的消費者多上好幾個世代，你得更謙卑才有機會，才有機會不犯錯。

從效率的角度看，你應該讀市調報告就好，因為你可能還有五、六個會議等你去開。但可怕的地方是，問卷可能是跟你一樣世代的人設計的，針對的是你以為的年輕人，問的問題是你以為該問的問題，它給的答案讓你看見數字，但看不見人物，而你幾千萬的行銷預算，可能會是錯誤的產物。

你的對象就在你眼前，只是你得打開眼睛去看看他們。

理解地球的變化

這不是獨特的現象，比起過去我們在大學裡上的全球化更加全球化，占領華爾街、阿拉伯之春、太陽花學運、香港占領中環運動都不局限在某個洲際區域。程序正義是這個世代最在意的，因為全球普遍性的貧富差距過大，造成資源過度集中在少數人手上，因此，多數人更加在乎社會正義的被傷害或漠視。

你說，這跟我們做行銷傳播的有什麼關係？請問，如果你的工作內容是大眾傳播，那「大眾」跟你有沒有關係？大眾的喜好、大眾的厭惡，一定會直接跟你的工作內容有關。假如你只清楚產品特性，那你就應該待在生產部門，而不是行銷部門。

你的傳播對象，比以前更有行動力，更有充分資訊管道觀察品牌，更快理解品牌對他們的不理解，並且帶來更多的反饋。這不是明天的事，也不是今天的事，這是好多年的事了。二〇一四年我擔任倫敦廣告獎在台灣的講評員，我發現，九成以上的得獎作品都是回應社會責任，只有極少數還單談產品特點，而這些好作品全都是二〇一三年做的，可見全球許多品牌都已經意識到這個巨大的洪流，並做出回應，那你呢？

如果你的品牌是教育部？

你的品牌當然不會是教育部，但你和教育部，有個巨大的共通點，你們面對的可能是相同的傳播對象，而且這個族群，可能也是任何時代裡，最具影響力和消費力的一群。換言之，他們可以很快地用網路串連抱怨讓你產品下架，也可以很快地用鈔票讓你產品下架。

請把課綱微調當做行銷傳播案例，不具立場地去觀察，這個品牌在溝通的時候做錯了什麼，那個「什麼」如果是你也正在做的，或者你的思考路徑也跟對方一樣，那麼，很有可能，你也會遇到相同的傳播結果。

如今在這世上最重要的是愛

日本小說家伊藤計劃的《虐殺器官》中談到二〇二〇年的廣告傳播，是以副現實的方式呈現，意指所有東西都會以生活的形式出現，藉個人ＩＤ連線方式提供相對應的服務，同時，在網路上可以查到任何生產履歷，包括飛機的機翼製造材質來源，但人們只想看自己想看的。

資訊的快速流動、傳播環境的複雜度增加、傳播對象的變化加劇，比起來，我們可能比我們的前輩更需要花上力氣分析。但還好，這一切說不定可以用愛解決。

因為我愛我的學生，我就很容易地想多了解他們，因為多了解他們，他們就更能感受到我的愛，而反過來愛我。而且因為資訊流通快速，他們更快感受到愛，也更快回應愛。

還記得當初你第一次遇見那個心儀的對象嗎？你不是連他喜歡吃什麼愛看什麼書都很感興趣嗎？那怎麼在變成老伴之後就「管他的」了呢？

如果把消費者當初次愛戀的對象去關心在意，而不是在一起十多年（看你行銷做了幾年？）相看兩厭倦的另一半，會不會好一點呢？

記得，他們一直在改變，每次見面就像第一次見面。試著去愛，就算不擅長、不習慣，那是你的業務範圍。

也許，好好愛你的對象，才能好好愛你的品牌。

你也可以想一想

你並不懂所有人：

意識到自己的不清楚，可能是清楚的起點。比起以前，渴望分享的人們，其實只提供你更多了解的管道，只是，你不看而已。

愛你的對象：

不愛，你就不在乎，你不在乎人，人更不會在乎你和你想說的那些。保持你愛的熱度，不然，你已經失語也失能了。

02

視窗心重訓：文案眼看到日常的不尋常

力學原則中的作用力等於反作用力，
在網路世界裡不一定適用，
因為反作用力可能遠大於作用力。

在地表最大的颱風即將來襲前，大家瘋狂在臉書上分享一個公告，標題就是「行政院公布各縣市停班停課」，簡單的字體，缺乏設計感，一如公家機關會選擇的藝術風格。

卻也充滿設計，因為它不是真的。

當你滿懷興奮如同要對刮刮樂彩券般，開心期待地點開這個網頁，卻出現我們慣常看到網頁出錯時的對話框，上面寫著「你在做夢嗎？」點了對話框上的OK鍵後，又跳出「你還是好好上班上課吧！」再點還是類似的惡作劇話語。

我看了很喜歡，但也覺得有點可惜。如果不單單只是談做夢呢？我意思是，比方說，「你很關心停止上班上課？」，「但有人一定不能停止上班」，「有人甚至要停止休假」，「關心停止上班上課，也關心停止休假的消防急救人員」。

當然，如果你的品牌也想操作這個人們關心颱風放假消息的 insight，當然有很多可能的 idea，而且保證大家關心，不過看完之後開不開心，就看創意功力了。

像這樣一個 idea，當然是透過一個特別的眼睛，因為無聊而自己找事做，看到人們平淡無奇生活中的想望，並加以運用轉化。

從生活中找到最大公約數，就能創造最大暴風半徑。那有沒有反例？

列車上的女孩

小說《列車上的女孩》除了在國外得許多大獎外，也在各國排行榜有極佳的銷售成績。讓我感到有趣的是它的銷售話術，書腰上除了羅列各驚人紀錄外，還提到「上市三個月，紙本書、電子書、有聲書累計的讀者可塞滿一一四二八個紐約地鐵車廂。」

光這話就覺得充滿視覺感，想像在那車上的對話攀談。

「欸，你要去哪裡？」

「喔，回家啊，欸？你手上那本書我也有耶！」

「真的，好巧，我覺得很好看喔，你知道那個列車上的女孩後來怎樣嗎？」

「不知道耶，你不要講。」

「那你知道後面還有後面和更後面，一路排到華盛頓（？），所有車廂的人都在看這本書嗎？」

「哇，那開車的司機有在看嗎？」

對不起，我虛構的對話好無聊，但說真的，比起我以前遇到某些廠商為了誇耀自己的商品銷售量很好，甚至說女生使用的衛生棉疊起來比一〇一大樓還高，這樣把讀者放進車廂裡好像有趣一些，而且跟自身產品有點關係。

《列車上的女孩》講的是一個每天搭火車通勤，百無聊賴整天看著窗外的女孩。了無生趣的她只能觀察他人生活，每天相同路程的她意外的發現別人的日常不尋常，甚至不太正常，好的，爆雷到此就好。

我們都該當那個女孩。無聊讓你做一些無聊的事，然後你可能比較有聊，比較有得跟人聊。比方說，觀察別人。

觀點創造的窗框

列車上的女孩，看出去的視角，每天都不同，但當然都來自一個主動且刻意的觀察。當然許多時候也被窗戶的邊框所限制，而事件的邏輯關係，更可能因為窗框，而有不同解讀。**熟悉攝影的人都知道 framing 很重要，你如何框出你對話的主題，決定了一個作品的高度，當然也會決定一個創作者的高度是巨人還是侏儒。**

有一張在網路上瘋傳的圖片，是由一位將卸任的立法委員在個人臉書上發布，瞬間轉傳爆紅。

再度強調，作為行銷傳播的專業從業人員，一定要有能夠暫時放開立場的能力，仔細觀察探討眼前的案例。就好像當你是個職業球員，在觀察一場球賽時，必定要能暫時拋開對球隊的好惡，而專注在專業角度的分析。

該張照片大概是位官員接見學生，伸手要跟位女同學握手，但女同學一臉不屑，手也沒伸，目光更是毫不肯放在眼前的長輩身上，她呆坐沙發上，絲毫不在乎身旁站立一臉禮貌態度溫文的官員。照片下同時附加說明文字，以更清楚激烈的角度，描繪女學生絲毫不尊師重道，基本禮儀蕩然無存，叫看的人義憤填膺，只想給女同學一個巴掌好喚醒她。當然，這照片一下就被許多人分享，成為社群媒體上的重大訊息。

但後來，分享的更多。

作用力與反作用力

有網友（你我也都是網友，別輕易覺得網友就比較差或比較強，他們就是我們，就是消費者）找到原來的圖檔。發現原來那位趨前的官員並不是要跟女同學握手，他的視線是放在下一位男同學身上，所以女同學當然是處於一個放空的狀態，並不會熱絡地與其握手，這張原圖一出，舉世譁然。

因為這擺明藉由一個窗框的概念，以意念剪裁出一個特殊觀點。站在傳播的角度，創造巨大的傳播力當然無可厚非，但站在人的角度，卻大大地冒犯了誠實的原則，於是，自然營造出更大的反作用力。人們把兩圖放在一起，更加瘋狂轉貼，甚至後來，有人找出那個影像的動態影片，明顯呈現那剪裁的意圖，更加速了人們關注。

再說一次，這是一個網路傳播案例，與立場無關，但力場是我們可以研究的。

網路傳播的特性在於資訊大量公開，並快速反應快速回饋，過去傳統廣告的思考模式，是建立在傳播者有單向且獨大的話語權，被傳播者不能回嘴。對呀，你哪時看過一個單一消費者買昂貴的媒體時段跟大眾對話的？

現今的網路實況是人們可以立即留言轉貼分享自己的意見，並給予其不認同者更加巨大的壓力，各位可以回憶不久前的「滅頂行動」，也許無法絕對的改變一個品牌的存亡，但絕對改變一個品牌在人們心中的印象，而那不是幾年幾億行銷預算可以打回來的。力學原則中的作用力等於反作用力，在網路世界裡不一定適用，因為反作用力可能遠大於作用力。

用愛心說誠實話

這別出心裁的窗框案例可以說是極為有強度的寓言故事，且是以一種過往無法想像會在現實中發生的狀態實踐，因此帶來的反饋更不同凡響。

大衛・奧格威曾說過：「好廣告加速壞商品死亡。」這是由於好廣告的傳播強大，常常反而讓壞商品被更多人體驗使用，而發現其缺點。但在網路行銷領域，或許，傳播力強大但觀點有缺陷的，更容易讓人發現品牌的視力缺陷。

同樣的案例，也可能發生在我們這些老喜歡證明自己很聰明的創作人身上，因為不單你獨具慧眼，現在人人都有天眼，會明察秋毫的。也許，我們都該回到講故事的初衷，用愛心說出你認為誠實的話語，否則以現今的網路生態，不只很容易被抓包，還可能會被丟包。

被激起的瘋狗浪捲起，淹沒於廣闊洶湧的網路大海裡。

滅頂。

你也可以想一想

視角窗框：

視角窗框不只是字義上的解釋，它代表了觀察的視角、思考的切入點、解讀的方式，它也決定了你的主題與高度。

觀點缺陷：

用惡意的方式解讀事件，最後，都會被自身惡意吞噬。

03

真實心奔放：騙人？你只有騙到一個人

真相是人們所渴望的，
而且比過去任何時代更加激烈，
因為人們厭倦拙劣的謊言了。

小梨說：「廣告都騙人的啦！」我的姪女從小就知道我做廣告，那年她說出「廣告都是騙人的」時，應該才八歲。

而這就是現代所有行銷人要面對的命題，「如果你的傳播對象已經設定你是撒謊者，那你要怎麼辦？」

所以當我有時看到工作單上寫著傳播目標是「說服消費者認知商品具有××的獨特產品特點」，我都會驚訝。驚訝的不是這個目標的難以達成，而是一種不清楚現實傳播環境的天真，會創造出一種假象，而麻煩的是，這假象竟只能愚弄傳播者自己。

說服，是多麼難以達成且幾乎可以承認失敗的目標？而產品特點，在這時代又是如何的同質，並不特別？

如果廣告行銷真被錯誤認知為是種騙術，那麼從業人員可能起碼要理解，這騙術勢必得高度演化（演化距離差不多是鋼鐵人與普通人的距離），否則只騙得到自己的騙子，跟不辣的辣妹一樣，其實是種悲傷的存在。

亨利說：殺人比撒謊容易

小說《亨利說：殺人比撒謊容易》，是一位德國電視編劇創作的犯罪小說，已賣出電影版權，在各個國家都有很厲害的銷售成績。故事的主角是位暢銷書作家，每本書都有上千萬的讀者，隱身在小鎮裡生活。但事實上，書都不是他寫的，眼看著因為扯了一個謊言，卻扯出一連串的意外，他不得不殺人好圓謊，又為圓謊因此殺了更多人。故事節奏快速，以主角犯罪第一人稱描述，讓人感同身受，一同思索著該怎麼辦好的犯罪難題。

當然，精采的法國懸疑小說《如果那天我沒死》，也是在相類似的設定裡創造閱讀的樂趣。但讀者如我是健忘的，總能在翻頁的過程裡，期待下個難題和下個精采的謊言。如果有什麼是這樣的小說可以教導文案的，那我會說，在現實世界裡撒謊是很難的，很容易失敗的。

知名的希臘哲人喀爾特[1]曾經說過：「撒謊比殺人難」，或許也是這書名的出處。也讓我們可以用另個邏輯解讀，對呀，從這角度去看，整部小說其實也不斷地用故事情節在證明，撒謊其實比殺人難，而且難上許多倍。

羅馬教皇的傳播案例

過去，《聖經》十分稀有且不是一般人接觸得到的，當時並不是人人識字，識字的也不能夠隨意解讀《聖經》，因此擁有唯一詮釋權柄的教廷當局，便能夠藉由這資訊的不對稱，創造出類似贖罪券這樣的經濟產物，甚至影響國家政權。

但當宗教改革興起，不同教派分別主張個人可以和神產生連結，不需要完全仰賴教會，且《聖經》開始成為家庭與個人可以擁有，並可自行研讀時，單向單點的傳播路徑被打破了。此後，人們可以用自己的方式理解所處的世界，而不再完全倚靠中間自稱為「神在地上代理者」的教廷，回到最基本，單純地去研讀神的話語。

多麼神似的傳播進程，也許你不是基督徒，也不熟悉宗教史，但你可千萬別忘記，現代傳播理論，很多來自於宗教信仰，比方說大家很清楚的「證言式廣告」（Testimonio），其實就是基督教裡講的「見證」。某某人因為碰觸到神蹟，而奇妙的被治癒，因此用自己的口語方式見證，好傳播福音的效用。

所以，當你用這角度去審視現代傳播環境，也許可以在這作為中間介質的傳播者不被信任的時代裡，得到些往下走的可能脈絡。

回歸基本面

傳播對象藉由網路可以大量得到資訊，於是，他們更加傾向了解事物的本質，作為中間者的傳播代理商（天啊，地上的代理者？），勢必失去許多原來的優勢。除非回到基本，回到真實，真相是人們所渴望的，而且比過去任何時代更加激烈，因為人們厭倦拙劣的謊言了。

我想這也解釋了，為什麼你現在會在全球各個市場普遍見到體驗式的行銷手段，更看到許多紀錄片形式的廣告影片。當然，如果你夠敏感，你也可以去分析包括占領華爾街、洪仲丘案、黑箱服貿動輒超過幾十萬人次的活動，請問哪個公關活動公司曾獨力操作過這麼大規模的活動？

為何能掀起如此大的波瀾？因為那是一整個世代的需求，人們拒絕再被矇騙，而這可能也是焦慮的行銷傳播界目前窺見的唯一出路。

那些肌肉和大腦的關係

讓我們輕鬆一下，畢竟我講太嚴肅的話題會抽筋，而且一邊抱著女兒，單手打字本來就容易肌肉僵硬。

僵硬是創意人的死局，要避免呀。

你知道，好笑的笑話，會讓講的人看起來多好。

（你也知道，不好笑的笑話，會讓講的人看起來多不好，多僵硬。）

（那，看看你的品牌？）

我想，品牌就跟人一樣，絕對還是有值得盼望的，只是要怎麼再度打動人，恐怕我們得比前輩們更加願意用身體的肌肉，用力去靠近世界，更加理解人性大腦的幽微真實是什麼，更加願意彎下腰體會時代在發生什麼，彎下腰嗅聞人們生活的氣息。躲在辦公室吹冷氣想 idea 的日子已經結束了，跟羅馬教廷統治歐洲的時代一樣。

說真的，你的品牌可能比不上一位搞笑藝人，儘管行銷預算是他的幾百萬倍（因為他接近零嘛），但他的影片瀏覽數可能是你品牌粉絲團的幾百萬倍，而且人們在乎他，比在乎你的品牌多很多很多。

在這時代，要更謙卑的欣賞時代，更謙卑的去理解事實。當然在那之前，先謙卑地理解自己，再也不是神在地上的代理人了。

不要用騙的。因為，最後你可能只有騙到自己。

1 這句話引用自知名的希臘哲人喀爾特，但其實根本沒這個人，是我唬爛的。如果你習慣相信人家引用的市調，那請記得這個經驗。

你也可以想一想

廣告都是騙人的？

不要騙人，你也是人喔。騙人那麼難，於是，許多人最後選擇騙自己。你現在的生活，有多少是在騙自己？

04

靈魂心加值：能靠靈魂賺錢，就別出賣靈魂

所有原物料我們都缺乏，
都得倚靠更高的智慧來彌補。
我們勢必得靠形而上的東西來改善，
不管你說那個東西叫作
文創、設計、創意、故事力或靈魂，
那就是我們可能在這大時代存活的機會。

你跟你的消費者熟嗎？作為專業的行銷人，你對現在所處的時代考究嗎？

有些行銷工具過去或許有用，但如果沒搞清楚對象生活型態，不巧妙改變創意手法，不但無法買賣不成仁義在，更會因小失大，直接把你真正大量投資的企業形象給瞬間摧毀，如地表最大強烈颱風般。

某天，連續有不同銀行電話行銷人員打電話來，我接起後，好意跟對方說明不需要，但繼續有更高音量，更快速傳來。

算是同行的我只能緩緩重複：「不好意思，我不需要。」其中一位心急到後來說：「先生不要擔心，我沒有要騙你借錢。」我也只好回答：「可是我擔心我的時間，我人生剩沒幾天。」（真的啊，最多也一萬多天吧！）

另一位則更加激烈，聽我說「不好意思，我不需要」後，竟開始大叫不停，急著把那些銷售話術念完。

我真有點嚇到了。我想著，廣告公司的初級文案在被交付撰寫電話行銷文案時，有沒有想過自己的作品，最後是以這種形式，被呈現在世界的？

專業來自了解，更好的專業來自諒解

我想著，五月天的歌詞「不打擾，是我的溫柔」，我想著，這會是台灣產業的縮影嗎？拚命加班，犧牲生活、尊嚴，做別人不那麼需要的？

更讓人難受的是，逼迫下屬做這些事的主管，不尋求創新想法，只一味逼迫，而不思考策略方向上是否錯誤。即使再怎麼出蠻力執行，只是讓業績更加可怕，也讓自己的面容更加可怕。

對呀，如同電影「華爾街之狼」裡靠著一支電話就能讓人掏出錢，掏出筆簽名的日子會不會已經過去了，「電話」更多時候後面接的是「詐騙」兩個字，不然你看看法務部花最多錢行銷的是怎樣的廣告？那可能跟你的廣告行銷工具非常相關連呢？

甚至這樣說好了，請問負責這業務的主管，在接到類似的電話時，你自己的反應是怎樣？你的家人朋友又是怎樣？純粹地以工時、數量來定義工作，讓你的工作內容無法成為作品，無法留下美好氣息。

埋頭苦幹的日子已經過了，你該從壕溝裡把頭抬起來，看看世界的樣子，順便從地上的水窪看看反射出的你自己的樣子，還有身旁夥伴被你弄成的樣子。

我慢慢地說：「對不起，我要把電話掛掉了哦。」拿遠的話筒，仍持續傳出尖銳但漸遠的聲音，宛若沉入水中。掛掉的同時，我有點難過，好像台灣掛掉了。

考究的《孤寂之人》

宮部美幸的小說創作有一個系列是日本的時代小說，以舊幕府的庶民生活為背景，刻劃人心和組織運作，結合推理懸疑，對於個別人物的心理狀態描繪非常入裡，有時我甚至覺得超越她在台灣較知名的現代小說《模仿犯》、《所羅門王的偽證》等，非常值得大家一看。

其中有個很引人入勝的元素，就是考究。

她充分地去考察當時的政治情勢，還有政府組織，連地區性、類似現代警察局的「同心」、「差役所」等名詞與運作方式，都著墨頗深，更對一般人所賴以生活的產業和經濟樣貌給予極深入的研究。就算不是歷史考古，但整個體系是堅實的，裡面人物的臉孔是立體的，生活型態不是那種如雲霧般縹緲、不確定的。

我們有嗎？我們有小說家一半的考究嗎？我們在乎這時代的消費者樣貌嗎？我們在乎跟我們同時代的人嗎？

能靠靈魂賺錢，就別出賣靈魂

颱風過後，一片停電，我開著車，護著妻小，前往岳家，感謝主，比起許多人我們還有這選擇。一路上滿目瘡痍，平常跑步經過你以為不會倒的樹，都倒了。我看得難過，按開音響，傳來以莉高露的嗓音，那安慰人的音樂，讓我們平靜許多。

那是來自靈魂的諒解。

你了解你的消費者嗎？你諒解你的消費者嗎？你了解你的夥伴嗎？你諒解你的夥伴嗎？你的諒解到達靈魂的層次嗎？

我們得開始理解，世上所有產業都跟靈魂有關，這會不會才是台灣真正的挑戰呢？一個創意的養成，需要許多善意的對待和足夠的資源，一個創意人的生成，更得在自重和互重下茁壯，而我們都得是創意人。

台灣缺乏有形資源，無論礦產、能源、人力都匱乏（你說台灣人這麼多耶？抱歉，你得考慮鄰近的人力市場，數量是我們的六十倍），所有原物料我們都缺乏，都得倚靠更高的智慧來彌補。我們勢必得靠形而上的東西來改善，不管你說那個東西叫做文創、設計、創意、故事力或者靈魂，那就是我們可能在這大時代存活的機會。

基本上，任何產業都得轉型成創意產業，好面對更加嚴峻的挑戰，而一味地追求加班，廉價出賣同胞夥伴的時間，低俗地出賣自己和家人相處的時間，甚至破壞環境出賣後代子孫生存的時間，只會讓你的估價單更被大刀闊斧地砍價。（誤用成語？）

我們祝福每個人都能做自己喜愛的事，並謙卑地盡其可能地，讓它是件好事。

聽著以莉高露充滿靈魂的音樂，我想著，**靈魂終究是這塊地土上最值錢的，別輕易讓渡出去。保有這創意靈魂，你可以不斷有新想法，更因此獲得源源不絕的物質。**

甚至你大可狹義地認定，會想買斷你靈魂的，都是魔鬼。

Peace, Love, Empathy.

你也可以想一想

細節的考究：

任何行銷、創意的基本功是對細節的考究。針對你的案子，仔細研究相關資料、市場調查、背景調查、產品資訊、使用者心得，不論是寫文案或拍一支廣告，都將它視為寫一本小說那樣的巨大工程，好的基本功，才有好作品。

05

人味心添加：坐在無人機上的是什麼人？

科技讓我們不必到現場，
久而久之，我們就算有機會也不去現場。
而離開現場，就不理解現實了。

「巡弋狙擊手」是二〇一四年底角逐威尼斯金獅獎的重要影片，導演曾執導「終點戰」，更是「楚門的世界」的金獎編劇，算是傑出編劇出身的導演，從他的作品脈絡可以發現他大量地在人性與科技間對話。

伊森霍克是好萊塢少數我很喜愛的作者型演員，演誰都像在演他自己（這樣好嗎？）。在這部電影裡，他飾演一位原本駕駛F－16戰鬥機的飛行員，因裁軍的緣故被調派回美國本土操作無人機。但幾萬公里外的殺戮，甚至濫殺無辜，在他心中產生了許多糾葛，算是一部以為會很悶、結果超精采的好片。

其中有個鏡頭我很喜歡，是他們在拉斯維加斯基地裡的作業方式，其實是在一個個貨櫃裡，遠距操作無人機，但在進貨櫃的門上貼了張小紙，上面寫著 You are leaving America，雖是一閃而過，但卻讓我大笑。

同樣的告示牌，出現在冷戰時期，柏林的東西德交界的哨亭上，在這的意思是你正要離開美國，因為他們雖然人在美國賭城，但操作的無人機是在幾萬公里外的中東地區進行任務。

透過無人機在幾千萬尺的高空，拍攝的空中影像，清晰但疏遠，電影裡的每一個接戰，都不禁讓我想到我們的行銷困境。

這是活生生的人命

片中的指揮官，在面對每一期新的成員加入，都會在講台上訓示一番。他言詞激烈的講著：「你們不要以為這是在看螢幕打電動，讓我不客氣的提醒你們，這是活生生的人命，你做的每件事，雖然只是螢幕上的一個動作，但都是關係著另個人的生命。」

多適合拿來談我們現在面對的行銷環境哪？

透過無人機的畫面，每個人的生活都一覽無遺，清楚無比，但又很不清楚。清楚的是他們的生活細節，連手指動作都可以被捕捉得一清二楚，但不清楚的是，因為透過螢幕，因為透過科技，一切似乎好遙遠，你彷彿感受不到對方的喜怒哀樂，你其實對你的對象沒有感覺，沒有感情。

多像我們，透過市場調查，我們連一個成年人一天喝幾杯咖啡都可以用小數點以下兩位數來統計，多久上一次購物網站，停留時間多長，都有數據可以告訴你。但你不知道他現在的擔憂是什麼？你不愛他，他只是你的一次任務，你疲乏，你想趕快了事，他只是一些數字的組成，你希望他讓你達成另一些數字。

專業下的不專業

許多人習慣撇開情感連結，因為那樣有點沒效率。而且大家不都這樣做嗎？誰現在還去store check？誰還有空去現場啊？你知道行銷部現在很忙嗎？你知道廣告公司很忙嗎？案子一個接一個，會議一個接一個直到深夜，飯都沒空吃了，哪有空管消費者什麼的長怎樣啊？

我也常犯這個錯誤，因為科技讓我們不必到現場，久而久之，我們就算有機會也不去現場。而離開現場，就不理解現實了。

就如同伊森霍克在電影中的主角，儘管是在操作無人機時，卻能感受到幾萬公里外的亂流和風向變化，而且能預測對象的動態方向，因此命中率高出其他人許多。

如果做行銷已經演化到如同操作無人機，那你比別人更能達成任務的可能是，你清楚風向，甚至人物動態，你才有機會預測命中。

因為那是活生生的人命啊。

不曾臨場，怎麼臨場感？

某晨，我臨時得趕去工作，拍攝對象是菜市場裡的生活，我冒著雨，信步走入，因為手拿攝影機，實在無法再撐傘。雨水冰冷，但人情溫暖，一路上，我遇到許多菜販揮手要我走到傘下，甚至有買菜的老婆婆好心幫我撐傘。嘈雜聲中，我大叫：「我幫妳抬菜籃才對啦。」老婆婆咧嘴笑，口裡沒牙。

我笑著問：「妳都沒牙，還來買菜？咬得動嗎？」

「啊煮給孫子吃呀！」她笑開，無牙處更多了，好甜。

對啊，台灣多數掌廚的，都不是煮給自己吃的。無牙婆婆，一手一袋，嗯，身後還拉個菜籃，但走起路來，迅捷有力，要是現在有障礙賽，她一定贏我。

菜市場裡顏色鮮豔，各式各樣的精采跳躍配色，都不是我可以隨便叫一位美術一天內陳設出來的，蔬菜水果更不是我可以全部叫出名字，魚販快速地幫魚去鱗，俐落放入袋中，甩兩下便綁了起來，我在想這一連串的動作，是不是有動作指導能夠指導得來？

豬肉粉嫩，媽媽們宛如中醫師把脈按壓，搭配肉販笑語。我想著，這整個場景如此繁複，我幾乎無能力複製再現，更別提洞察彼此心理變化，在那菜市場裡，我覺得我好卑微渺小，缺乏專業知識，無能說好一個故事。

我的擔憂是，如果我不懂婆婆媽媽，憑什麼要婆婆媽媽聽我說話，甚至聽我的話？

說到這，假如所有的 planner 抓 insight 都是在恆溫二十七度的高級辦公室裡，假如我們對市場的了解，不如媽媽對菜市場的了解，假如傳播創作者以為的生活都是從電腦螢幕上得知，我們講的故事都是以為的，我們實在有愧我們拿到的報酬，因為那些是真鈔，而我們做的菜不一定是真材實料。

真相如何可能有各種說法，但人們對真相的在乎，會不會是未來我們可以學習操作的呢？

任何領域在某種程度上都有資訊的不對稱性，但也讓我們理解真相不是沒人在乎，反而因為社群網路的關係，它似乎成為對話唯一的可能依歸。但從業人員的我們和真相／現場的距離卻變遠了，就專業角度來說，這不是種背離現象嗎？

你的對象更渴望真相，而你卻因為效率、科技對真實不清楚，那你該怎麼引領你的對象呢？

謎題：坐在無人機上的是什麼人？

我雖然焦慮，但也沒有答案，只覺得要教人游泳，不可能不沾水。要懂市場，不可能不到市場去。

做廣告賣車的，應該去 show room 待一天看看，甚至真的賣一部車看看（你以為你很厲害？先賣掉一部車再說）；做投資理財廣告的，應該去證券行晃一天看看，甚至自己操作一檔用自己的錢賠看看（好啦，也可能是賺啊）；做保養品的，你最好皮膚真的有敷過，而且真的有變好（不然真的很難做啦）。

否則，我覺得我們不是操作無人機，而是坐在無人機上。

「但是，無人機上沒有人啊？」你說。

「對啊，因為我們不是人。」我說。

如果你不像個人般，努力理解人的話。

你也可以想一想

情感連結：

不要只把行銷對象當成冷冰冰的數字或研究報告，盡量更深入了解他們的需求，了解他們的情感面及在意的事物，如此做出來的廣告才有溫度。你跟人的距離多遠？量量看啊！

Part 5 那些真實的文案

01

家族旅行：
抵抗時間對記憶的掠奪

02

小英的願你平安，
台灣隊加油

03

張鈞甯和好多仙的
八仙塵爆

04

微宣洩的意涵

05

不必大聲的
人民大聲公

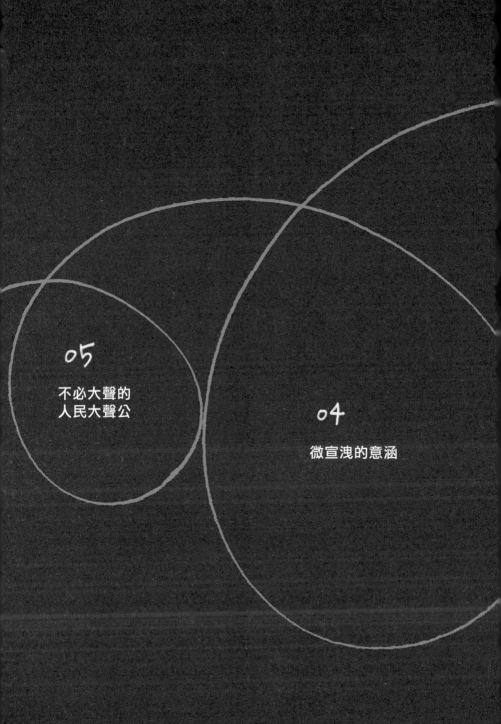

01

家族旅行：抵抗時間對記憶的掠奪

當你的品牌已經達到國家的高度，
還在宣傳沒什麼獨特性的產品功能的競爭品牌，
恐怕只能遠遠看著你的車尾燈。

家族旅行

和汽車客戶討論網路短片，我可能是個奇怪的傢伙，想先開個會前會，在提腳本前確認彼此的心意，沒想到對方也答應了我這莫名的請求。

我不習慣會議桌隔開我和客戶，我喜歡繞過那隔閡，走到他們身旁，跟他們先從減少距離開始，以我的經驗而言，那通常是美好關係的開始。所以雖是第一次見面的客戶，我竟就跑過去坐在他們身旁，一邊娓娓道來，做肩並肩的夥伴，雖然他們一開始有點驚訝，但因為距離近，他們除了感受到我的體溫外，應該也感到我的熱情。

下次，你有機會和部屬討論時，你要不要試著拉把椅子坐他身邊？你得到的東西應該不會因此變少。

我大膽地提出，這樣一個具高市占率的品牌，應該除了關心消費者的消費型態外，要更多關注生活型態，如果可以，更該關注生命型態。

什麼意思？高度問題。

做行銷的你當然可以只關心對方荷包裡的錢，你也可以關心對方怎麼花錢，但如果你關心的是對方的生命，那麼對方回報給你的，就不會只是錢而已了。

而正因為我們不把工作當工作，那麼作品就成為可能，所以我強烈建議，在工作之前，先試著想你到底今天來上班，除了錢以外，你還想帶回去什麼？有了答案之後，再上班。

創作其實就是你和世界的問題

我沒想到的是，客戶跟我一拍即合，好像多年沒見的好友，絲毫不需要說服，當下就點頭爽快答應，而我就陷入自找的麻煩裡。什麼意思？當有人願意給你完整的空間，那你的壓力應該會是最大的時候。但沒關係，我們可以轉身，向世界探求。或者，好好跟自己說話。

我花了近兩個星期想了好幾個 idea，多數很喜歡，但不到超級喜歡，因為，心裡很恐懼，很怕對不起以禮相待的客戶。我一直在小本子上寫著，一個又一個不同的概念，一個又一個不同的故事，直到去旅行。

我才知道，最好的答案，在心裡。

九二共識

旅行是和我那些南一中人渣同學，共十一個家庭，加起來快四十個人同行的。我們是在一九九二年入學認識的，我在自己的總表上排的是「九二南一中人渣領導才能贏（營）」，旅行的地點是日月潭。當中，好玩的是有些二十三年沒見的朋友，見面卻毫不認生，開懷暢飲，整夜笑鬧就別提了，我心裡雖然有工作，但也很享受其中毫無壓力的胡說八道。

我這麼敏感的人當然也意識到，這群人就是潛在的車主。他們在意關心的，就有可能會是我可以發展的故事。其中有位林醫師還真的是那款車的車主，我特地在旁邊看他，看他如何使用車子好裝下全家的行李、推車，看他怎麼照料年幼的孩子，看他每個細小的動作，都是為家人，我對自己帶在身上的故事，更加有信心了。

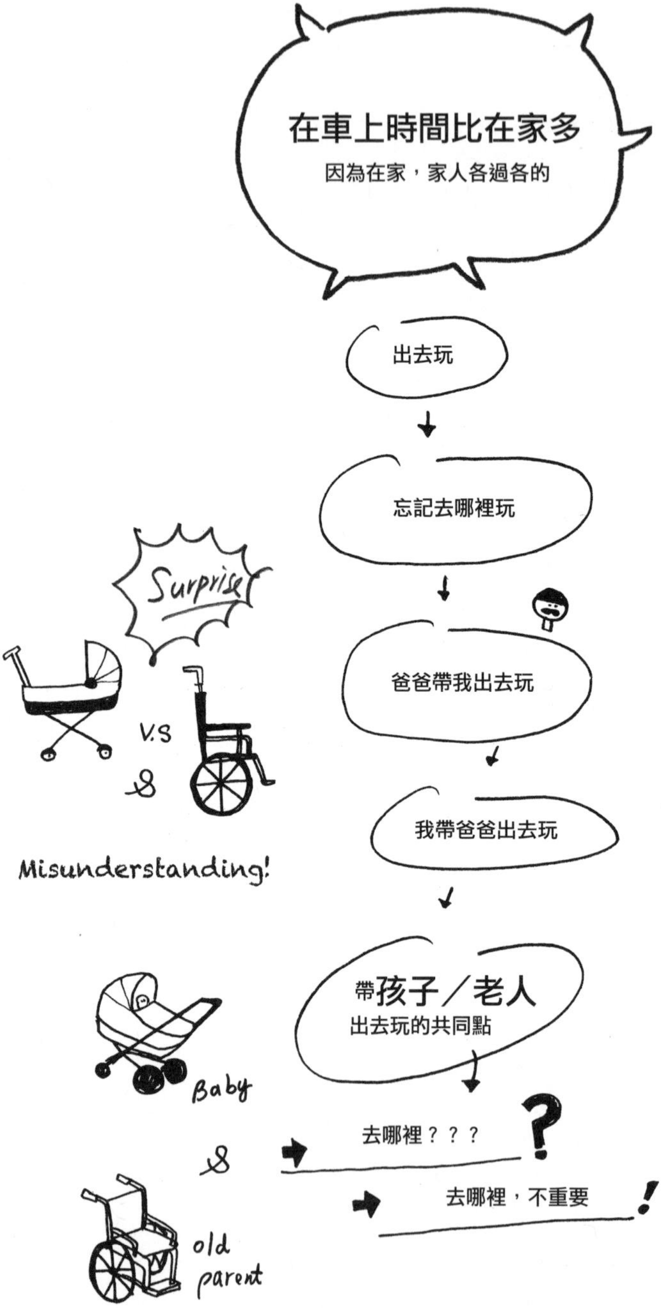
在車上時間比在家多
因為在家，家人各過各的
出去玩
忘記去哪裡玩
Surprise
爸爸帶我出去玩
V.S
&
我帶爸爸出去玩
Misunderstanding!
帶孩子／老人
出去玩的共同點
Baby
&
去哪裡？？？
去哪裡，不重要
old parent

旅行的最後，在向山遊客中心，我更看到一幕景象，深深感動。

當我們一群人正央求林醫師以他超厲害的萊卡相機為我們拍照時，我看到身旁一位先生伴著一位顯然是父親的長者，寬闊的湖面在他們身後，彷彿是預先準備好的背景。他們靜靜地看著眼前難得的美景，無視周遭的吵雜喧鬧，彼此間沒有太多交談，只有望向相同的方向。雖然沒有人幫忙他們拍照，但他們的身影已經印在我心版上，好美。

我心裡頭原本存在的好幾個腳本，也在這時有了交集，有了共識。

我的父親

我的父親可能是影響我最深的一個人，他曾經跟我說：「我看你沒有機會成為有錢人，但可以試著做個讓人懷念的人。」我一直試著想成為他期盼的樣子。

在某一年大年初二的時候，雖然是冬天，但台南出現了舒服的太陽，我跟堂弟借了休旅車，想帶父親出去走走。他沒什麼表示，但當我們一家開到家附近的安平海邊，當太陽透過車窗照到後座的他，我清楚看到他露出久未出現的微笑，就像那顆冬天裡的太陽一般溫暖和煦。下一次再看到那微笑，是三天後，他在醫院的病床上，離開，回天家。

出遊的彼時，癌末臥床的父親已經陷入肝昏迷，意識時有時無，但那笑容，是確切的，直到現在，我都可以立刻劃出來，用心裡的每條肌肉。

那時載父親出去的我，並不知道父親何時將離開，單純的，只是想讓父親出去透透氣，帶他去他曾經帶我們去的地方，我想他會開心，他也真的，很開心。但我總有些難捨，總有些遺憾，早知道爸爸會開心，我應該更常帶他出去走走，就算旁人講什麼生病的人待在家比較安全，拜託，當一個人都確定會走了，安全到底有什麼用？

過了這幾年，擅長書寫的我，卻始終規避著這一塊，因為我怕自己會太難受，總在不同的篇章裡，試圖想整理自己的心情，但總是徘徊在外圍，不敢輕易碰觸。

你的問題，可能是所有人的問題，而那就是行銷的答案

這雖然是我個人的生命經歷，但其實也是所有現代台灣人要面對的，更會是潛在車主必須要回答的人生課題。

老年長期照護是很重大的議題，眼看著台灣的老年化社會就要到來，而我們的社會資源卻明顯不足。我很清楚，因為我曾經為了母親的照顧，去看了許多個機構，很多雖然被評為績優，但真要你自己去住，你會嚇死，更何況是年老、甚至無法表達太多意見的長輩？這是全台灣人都要面對的巨大難題，而且這一題，你一定得寫。

我在芬蘭的魚市場裡曾經見到全身癱瘓的人躺在病床上，透過麥克風和魚販隨興聊天。也在不同的街道上看到眾多身障者，拄著枴杖，推著輪椅，像尋常人一樣在城市裡漫遊。一開始不懂的我，還以為是赫爾辛基殘障特別多，後來才知道不是，是他們認為身障者、病人也有人權，當然應該出來透透氣（詳見拙作《步由自主。歐洲篇》）。

台灣的現狀是，年輕人連自己的生活都有問題了，於是不敢組家庭；有家庭的沒

空照顧兒女，而年老的父母呢？只能自求多福，因為兒孫忙於工作，無力陪伴，儘管，陪伴和錢一點關係都沒有。

這些狀況都存在，大家也都很清楚，但就像哈利波特裡的佛地魔一樣，沒人敢提，大家都只想等遇到了再說。但你，立刻就會遇到，或正在遇到。試著把自己的人生經歷，和眼前田野調查的所得結合起來，成為一支腳本，療癒了我自己，也提供了行銷更高的視野。

當你的品牌已經達到國家的高度，那麼，還在宣傳沒什麼獨特性的產品功能的競爭品牌，恐怕只能遠遠看著你的車尾燈。

「家族是場旅行，在一起就是目的地。」

「總有一天你會有自己的家庭，你會有許多要選擇的難題，但不要害怕，更不要難過，去面對，並記得，那是所有的意義。」我記得很清楚，這是我父親告訴過我的。那時我的阿媽身體不好，長年臥床，父親一方面要照顧我失智症的母親，一方面要照料自己的母親，還有我和妹妹，看得出他心力交瘁，但從不說累。

那時不甚明白的我，在有了自己的孩子後，開始感受到，儘管父親已經不在了。

我想要分享的是，世界上沒有絕對好的答案，更沒有絕對正確的決策，但可以有相對讓你好過一點的選擇。世上有那麼多人，而你能和眼前的家人成為家人，一定有什麼特別的意義，你不知道什麼是最好的，但你大概知道什麼是好的，只是你選擇不去做。

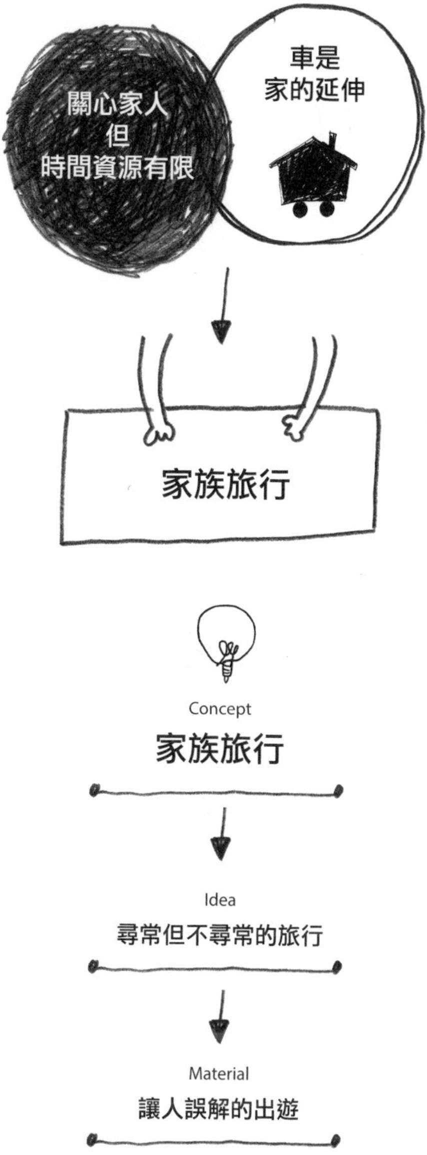

你知道家人從不想要你賺更多錢，他們只想要你在身邊陪伴，不管去哪裡都好，在一起就好。你本來就知道，你只是選擇去追逐錢，並假裝可以追到，卻忘記如同大爆炸理論般，宇宙正不斷地往外擴散遠離，你的家人也在不斷地離開你，總有一天，你和他們會相隔幾百光年。在那之前，在一起。那可能是你們最值得去的目的地。當然，也可以是行銷思考的目的地。

時間是記憶的天敵

行銷工作多數時候在解決品牌在人們記憶中的位置高低，我們得承認，甚至許多時候，品牌是毫無位置的。因為記憶體有限，而時間的力量無窮，他會摧毀你做過的一切美好事。

如何抵抗時間對記憶的掠奪？我卑微渺小地承認並沒有答案。如果人們都可能會忘記看似巨大難以切斷、但實質纖細脆弱的家人記憶了，又怎麼期待人們記得那相較起來毫無重量感的企業品牌呢？

但就如同面對人生一個接一個來的難題一般，你得面對，你得試著做點什麼，做點不一樣的什麼，為品牌做點不一樣的什麼，否則尸位素餐外，那多少個眾人絞腦汁的會議都是白費，還不如早早洗洗睡。

於是，我們試著去回應人生難題，因為這是讓品牌更上一個層次的方法，因為這或許是一種基本的道德，因為這或許會是有效率的溝通。當你在工作裡解決你人生的問題，解決多數人的問題，人們會覺得你做好了你的工作。反之，當你只想解決你工作的問題，很抱歉，通常你無法真的解決工作問題，而且，消費者不會理你。

因為那只是你個人的工作，不是消費者他們的問題。祝福你面對時間，贏回記憶。

你也可以想一想

品牌的獨特性：

品牌的獨特，有時候並不是指產品本身，而是指它藉由大眾傳播所形塑出的形象，以及這個形象帶給一般消費者的印象。所以千萬妥善打造品牌的形象，給予自己品牌獨特性，而不是只強調產品特性而已。

關心消費者的生活：

打造獨特性的方法之一，就是關心消費者的生活，而不是只關心他們的消費，畢竟，生活才是消費的源頭呀。

02

小英的願你平安，台灣隊加油

當你為某件在乎的事出力，你就會有力，
你就是個有力人士，因為你在意，
而當你在意我們，我們就是一隊的。

願你平安　台灣隊加油

因為之前柯P的廣告和「柯辦林志玲」林錦昌合作過，當他擔任民進黨二〇一六大選文宣執行長，再度操刀小英選戰時，又找我去聊天。

「可是我不懂選舉啦！」忐忑的我見面時，老實地把自己心裡的擔憂講出來。「沒關係，我們就是要新鮮的觀點。」林錦昌黝黑的臉龐，迸出一貫爽朗的笑容。「對呀，導演，別擔心，」另個夥伴厚厚，更是笑咪咪的。

他們都是我很敬佩的好傢伙，總是扛住壓力，做出精確的判斷，並且提供最大的創作空間，同時，說不定也是最重要的——他們的品味很好。

「這將是這次選戰的第一波宣傳廣告，我們很重視，所以找你來。」那時，其實選戰已經開打好幾個月了，但該品牌確實沒有做任何的大眾傳播廣告。他們提出了他們的媒體計畫，分別有兩波，目的也不太一樣。

當場我有點不確定，只覺得似乎應該談更多跟人有關的問題，因為大家活得辛苦外，更是痛苦，好像可以更多地從人的角度出發。

但我最後仍說我消化一下，再去找他們討論，畢竟，我就說自己不懂選舉嘛，更何況是如此大型、全國性的重要Campaign，歷史將會記住我們的一舉一動。

苦民所苦

沒想到，幫我最多的，是我的一個朋友。

剛好我那次開完會後，去到這朋友家，我這朋友風流瀟灑，講話逗趣，任何場合只要有他，大家就只會哇哈哈，而且天分高又辛勤，事業成就極高。這朋友不知為何突然福至心靈，跟我聊起台灣的現狀。

他收起嘻皮笑臉，語重心長，十分擔憂，他其實是屬於相對不需要那麼擔心經濟的呀，但他很擔心台灣的未來，很心疼台灣的年輕人，他跟我聊了好久，我好感動，但又有點不知道要怎麼回應。

他談起他因為住得遠、加上自己的時間不夠，要請人協助接送孩子上下課，以合理不算高的預算請人，卻來了三十幾位應徵，其中多是四、五十歲的壯年人，而聊起彼此的生命，卻滿是瘡痍。他說他每聊一個就難過一次，甚至想要每個都聘請，但他只有一個孩子要接送啊。他講到一半，眼眶都泛淚。最後，他只能狠下心，請了其中一位單親媽媽，其他忍痛拒絕。

我心裡感觸很深，台灣的貧富差距過大，很多時候，不是單一個體造成的，是結構性的問題，是制度殺人，而那問題很多時候，是政府思想上的怠惰或者道德上的放縱，這狀況日益嚴重，難以忍受。

帶著滿腹的愁緒，我返回家中，想開始想，但又不知要怎麼想，千頭萬緒，最重要的是，我有點擔心，我的想法和林錦昌不一樣。很巧的是，不知如何是好的我，卻意外接到通知，說錦昌哥突然有想法想跟我聊一聊，很急。

政治人物要先是人，才能為人服務

我們見到面，林錦昌說他週末想了想我之前提的想法，他覺得認同。我也藉這機會分享我朋友在週末給我聲淚俱下的觀點。我說是不是應該先來談人們心裡的苦痛，好收斂整體的印象。畢竟，很久沒有大眾傳播了。

就像人講話一樣，第一句話總是重要的，那表現你關心的重點。我一直相信，就算是政治人物也要先是人，才能為人服務。

沒想到，我一直擔心林錦昌想法與我不同，卻是多慮了。他說，他理解我說的，也很有感受，但有個麻煩，因為照原來的時程，可以按部就班地慢慢規劃，但若照我的想法，就變得十分趕，甚至，必須一次完成兩支片。我在會議上，轉頭看向監製，他一臉微笑。

我說：「我一定會想一個執行的方法，一次完成，希望讓你們不辛苦一點，但，」我誠懇地看著他的眼睛，「可能還是有點辛苦。」

常常是這樣的，客戶或者導演在會議上，隨口一句話，製片夥伴們就得人仰馬翻，好幾個夜晚沒得睡。因為，我們都只知道一種工作品質，就是好，我們都只知道一種工作方式，那就是，認真。

我目前為止，還沒有在台灣遇見任何一個製作團隊，會因為時間降低自己的標準，只會為了條件的不足，拚命。他微笑的答應了，那麼，接著，試著把事情弄得稍稍不要那麼難纏一點，就是導演的責任和良心了。

戰場清理出來後，我就得進入更深的苦惱了。

HELLO

我的父親二〇一二年在安寧病房裡，已經陷入肝昏迷，意識時常不清楚，他可以辨識我們，但常無法確切知道自己的所在，不過，他竟可以計算。視線已經模糊，他只能捨棄幾十年來閱報的習慣，坐在病床上的他，擔憂著，他擔心我們的國家，他怕我們無法繼續當自己的主人，他當著我們面前，預估、計算著三個候選人的票數，然後憂慮著。

所以我們家是在安寧病房裡看開票的，結果揭曉時，我想，癌末病人不該這麼激動的。但當我關上電視，喧鬧的記者報導聲消失後，病房裡掉入一片寂靜，儘管我們家族有十幾個人在現場。

現在，回憶著那段時間，正書寫著的我聽著 Adele 的 *Hello*，突然情緒失控，大哭，整個鍵盤滴滿淚水（有人這樣弄壞電腦的嗎？）。我那時無法理解，一個生命到盡頭的人，為什麼擔心的是國家？那麼形而上，那麼遙遠，那麼虛無的概念。花了四年，我終於懂了，因為我有了孩子。

國家不是國家而已，國家是家的組合，國家沒什麼了不起，你看不到，摸不著，但它影響你的家。你當然有很多盼望，但當你走到最後的最後時，當你只能有一個願望時，你只希望你的家人好好的，平安的。

對不起，這段落，我得來回四、五次，才能寫出，因為眼睛並沒有裝雨刷，我只能在眼前的狂暴雨間，試著尋找淚水稍歇的空隙，看清楚螢幕，試著打下一個個字。

我想，與其只有大聲做出一些人們已經厭倦的承諾，或許，讓我們說聲 Hello，和辛苦且痛苦的人們說聲 Hello，讓我和父親說聲 Hello，讓我和國家說聲 Hello，並許個願望，像我父親在最後唯一的願望，願你平安。台灣，願你平安。

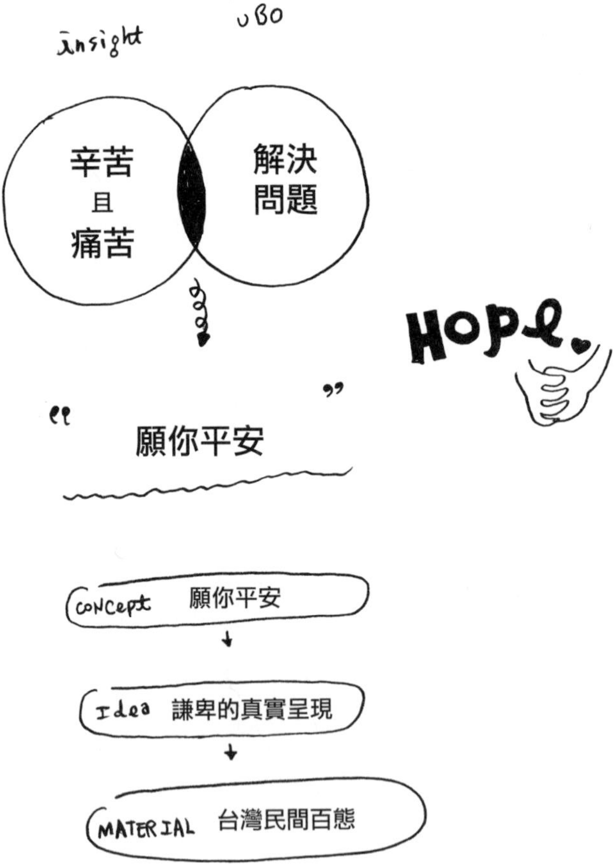
insight
UBO
辛苦
且
痛苦
解決
問題
Hope
"願你平安"
CONCEPT 願你平安
Idea 謙卑的真實呈現
MATERIAL 台灣民間百態

願你平安

這幾年
對大家來說可能是最長的倒數
愈數卻感覺愈久

人們在找可解決問題的政府
而政府在解決找問題的人們

食安、經濟、社會事件不斷出現
眼淚還沒擦乾，就再流
為生活驚恐，為人命不甘

願你平安

阮沒說話
不是沒話說
是心ㄟ疼

歹勢
我們做的不夠
不夠多也不夠好
讓我們來負起責任
願你平安

天會黑，也會亮
讓我們，點亮台灣

不願面對災難的現場，才是最大的災難

塑化劑、洪仲丘、黑箱服貿、毒澱粉、復興空難、黑心油、高雄氣爆、捷運殺人、夜店殺警、割喉案、黑箱課綱……。

那時台灣的多災多難，我只能說幸好爸爸已經看不到了，不然他一定擔心死了，而我看著幼小不會說話的孩子，心裡擔憂的是，「天啊，我邀請你來怎樣的一個世界啊！」

我一定要做點什麼。雖然，我沒有力氣對抗龐大的組織，更沒有財力可以改善誰的生活，但我是一個人，就要像個人，想辦法讓我的家人活得像個人。恐懼害怕不是作為一個人該承受的，連我這不靈光的腦袋都記得，憲法裡寫了「人民有免於恐懼的自由」。我要想辦法，因為我是人家的孩子，也是人家的父母了。跟每個人一樣。

我把這些話跟攝影師說了，跟製作團隊說了，攝影師跟我一樣有年幼的孩子，我們人生所有的決定都環繞著孩子，但在我們無法決定的地方，這世界正要傷害我們的孩子。我說，可能會非常辛苦，非常難拍，但請讓我們記得，我們不是在拍一支片而已，這不只是一個工作，這不是拿錢辦事，我們是在為自己努力，為自己的家人努力。

我們要讓尋常百姓生活，透過小英眼光看見，看見台灣的日常，是那麼不尋常，讓淚水擦乾，讓天亮起來，點亮台灣。我們要親臨現場，因為不願正視人們受苦的災難現場，就是台灣最大的災難。

要有光，就有光

拍片的過程很辛苦，因為風雨，但我們是拍片的人，我們不怕風雨，但我怕片子裡只有風雨，當你誠實，當你面對，接著你要有盼望。

比起痛苦，我比較怕沒有盼望。人是因為盼望而活下去的，不是因為手上有多少資源，更不會是因為有多少應收帳款。我邊拍著片邊想著，必需要有一個光，一個人們可以仰望，可期盼的光。就好像柏林的「猶太博物館」裡，有個巨大深邃且傾斜的黑色通道，你走在裡面，你會有點頭暈，有點不平衡，跌跌撞撞的快跌倒，那是設計師刻意做的，好讓你行走其間，感受到猶太民族的苦難，綿長無限延伸且持續的難受著。但，在最後的最後，你會走到一個可以仰望到天頂的巨大空間，而在那頂端，有一道光穿入，你仰望，然後你活。

我要有一個那樣的東西。但我沒有。

我很焦慮，因為這不是製作團隊可以給的，台北的天氣不好，攝影師再厲害只能拍出詩意，無法把大雨天拍成晴天，更何況，我要的不只是晴天，是如同希望的光。我很焦慮，剪接的同時，我每天都在想要怎麼辦，我當然知道那是我的責任，更清楚知道，那是我要想辦法生出來的，但我沒有辦法。

不知如何是好的我，偶然看到二十年沒見卻因為打籃球意外找回的南一中同學臉書，這同學是我們最強的大前鋒，不只二十年前，現在還是，但在強悍的球風下，卻有個很細膩的心和奇妙的眼睛。

他拍了一系列城市裡日出的照片，都好美，都充滿了盼望，而且不是只有那美好的自然而已，是神的光照耀在我們這個凡間，讓還沉睡的我們在還沒睜開眼，就有了盼望。我急忙透過臉書跟他要電話（你看我連電話都沒有，是多麼的遺落又重拾），怯生生地跟他探問，因為也不是每個人都願意自己的作品被拿來使用的。

結果他一口答應，我問說那方便透露費用嗎？畢竟，是他的作品。他的回答竟是：「可以不要錢嗎？」我覺得，我的同學真可愛，就跟多數台灣人一樣大方，充滿人情。但不用錢的最貴，我心裡想著，一定要做出好作品來，至少不要讓他的作品浪費了。

這是我唯一可以報答台灣人情味的方法。

遺缺的拼圖

另個工作其實也不容易，我和林錦昌討論的結果，想要選擇擬人的說法，雖然有了粗略的方向，但我其實心裡一直覺得還少了一個東西。

那到底是什麼呢？很多時候，我都會有類似的感覺，你不知道怎樣好，但你知道可能需要一個什麼，每當這種時候出現，我就知道，接著應該會好，雖然過程可能苦惱。就如同拼圖，我知道少一塊，但我也知道，等我找到，這幅畫會更壯麗。

很多人好奇，我不想東西的時候，都在做什麼。**基本上，我沒有不想東西的時候，我吸地的時候想，洗狗的時候想，刷抹布的時候想，削蘋果的時候想，煮麵的時候想，開車的時候想，跑步的時候想，打球的時候想，看球的時候想，跟多數人一樣，我們總是為工作而傷著腦筋。**

我就想，那我自己需要什麼？台灣需要什麼？我喜歡什麼？我的朋友喜歡什麼？台灣喜歡什麼？

人渣的價值

我再度想到人渣，我的南一中同學們，我們做了整套的籃球衣好打球，儘管一年可以聚在一起的日子不多，但當我們在一起時，我們就是打球聊天，其他時候，就是在群組裡聊籃球聊生活。

我們都是在公牛連霸王朝時，一起蹺課在福利社裡看冠軍賽的，儘管已經是二十年前了，但現在帶給我們快樂的依舊是運動，不管是自己運動或是看運動。

我想到我在工作上的夥伴也是如此，有棒球賽時大家一起在辦公室，穿著球衣拿著加油棒加油，就算晚一點要加班也沒關係，一起尖叫，一起哭，一起笑，一起罵，一起，大家都在一起，大家都很愉快的投入。

沒有人在乎彼此的差異，我們在一起，我們就是一隊的。

加油啊加油

我是相信運動的力量的人，我更相信比起拚經濟，運動更能救國。當所有人一起為國家隊加油時，不管是棒球籃球，不管你是怎樣的立場，不管你是什麼階層，我們都在一起。

我們忘記眼前的煩憂，因為我們有更在乎的對象，我們忘記彼此的爭競關係，因為我們的國手正在場上，和世界拚搏，而我們，沒有上場，但也在場上，我們加油，為我們的運動員，更為我們自己。

為我們自己加油。

跟運動員一樣，我相信努力，我更相信加油的力量，那是一種信念，當所有人都在一起，心都在一起，我們同心合意，我們可以勝過任何有形的資源。因為我們是我們，我們不再有分別，我們在一起，我們就有力量，而那力量會藉由精神灌注到場上，更灌注到我們自己身上。

因為當你為某件在乎的事出力，你就會有力。你就是個有力人士，因為你在意。

而當你在意我們，我們就是一隊的。

所以，我想來為台灣加油，而且我要住在台灣的每個人都理解，只要你在台灣，你就是台灣隊的，我們都是一隊的。

台灣隊加油

這孩子
你看著他長大
曾經會哭會鬧
需要照顧
也漸漸懂得照顧需要
「台灣隊加油！」
不需要抹泥巴
我們本來就站在泥巴裡
要打敗的從來不是誰

是這時代的困境
「台灣隊加油！」

低頭反省，抬頭努力
在蹲下後跳起
最需要競爭力的不是人民，是政府
「台灣隊加油！」

在日子和日子之間，努力
在努力和努力之間，盼望
「台灣隊加油！」

相信一個人可能會失望
相信一個團隊才有希望
「台灣隊加油！」
二十九歲了，生日快樂
三十歲，生日要讓大家快樂
「台灣隊加油！」

主席你好，主席人好好

拍片的過程，小英和我有很多獨處的機會，為了讓緊湊行程中的她輕鬆一點，我都很隨興，沒大沒小的亂講話，因為我知道，主角愈放鬆，表現會愈好。更何況，這是片場，我是導演，我得掌控全場，就算對方是總統候選人，還是得乖乖聽我的，我至少得撐起來。

中間我說：「主席，最近很忙，都沒人帶妳出去玩噢？」她微微一笑。我說：「來，我帶妳去兜風！」她嚇一跳，但還是乖乖跟著我走，上了車。

我們聊著天，我隨口講到「相信一個人可能會失望，相信一個團隊比較有盼望」，為了讓攝影師測試微調燈光鏡位，和我一起被關在車子後座的她，原本望向窗外，突然轉過頭來看著我，說：「欸，你這講的真好耶！」我開玩笑的回答：「主席，我好歹也是金牌文案出身的啊。」

小英一聽大笑，前面的攝影師更是笑得快翻掉，跟著湊一句：「主席，我們也都跟妳一樣，很努力工作喔。」

小英說：「你們比較好。」

我說：「怎麼說呢？」

小英：「你們工作都可以穿短褲，我不行。」

我低頭看了看，短褲下露出自己兩條腿，前座的攝影師也看了看自己的短褲，我們一起大笑，小英也跟著大笑，整部車笑成一團，外面的工作人員都很好奇，到底為什麼小英笑成這樣。後來他們問我，我說是機密。

中間一度，我跟小英說，因為又要選總統了，所以我知道爸爸過世四年了，她睜著大大的眼睛，溫柔地聽我說著爸爸的故事。說完，她緩緩點頭，說她知道，她一定會努力，許多長輩都跟她提過，她一定會想辦法，讓大家平安。

淡淡的，堅定的。這種人我比較信任。

不容易的拍攝

其實，拍攝中遇到一個非常困難的狀況，因為我想要呈現的不是一個人，而是一個團隊，於是請託縣市長們協助拍攝。但也知道每一位都公務繁忙，行程超滿，更何況，拍攝地點在台北，多數都得遠道而來，實在不敢奢望。沒想到，竟然全數參與，十三個縣市首長都願意參與。

這可又讓我們傷腦筋了，因為我要求攝影師一定要有一個很強力的風格，甚至要有未來感，好提供人們對未來有盼望。

於是我們用了最大的棚，而且我說不能大家死板板地站在那裡，我最討厭那種國小的畢業照了。我希望人們是從不同的地方走進來，同時鏡頭繼續運動，所以會是一個有十三個人同時運動的動態攝影，十分複雜。

最困難的地方是，這十三個人不會在同一個時間抵達，因為每個人的行程不同，只能分成三組拍攝。但我最後的影像要看起來是這十三個人同時自畫面的不同地方一起從不同路徑走入，並在攝影機成弧狀軌道移動後，在不同的時間差下，坐定並一起面向鏡頭。

攝影師只好請來了電動馬達，確保攝影機在軌道上的運動，是一致的，並且從後期請了技師來，將圖層分三個，並在現場合圖，好確保影像不會有不 match。

簡單說，就是我必須讓不同時間拍攝的人，看起來是一起走的，但他們的路徑又不一樣，不能疊到，最好看起來還互相有互動，彼此加油打氣。當我說出我的需求時，製片組都安靜了，因為也太麻煩了。只有攝影師回答，好。他還跟著說，我們就應該挑戰困境，挑戰沒做過的，就像個台灣人一樣。

於是，攝影組和燈光組，早上六點就開始架軌道，放天燈了。噢，是把燈放到天上，因為地上不能有燈腳架，所以所有的燈都得在天上，就一如我們人生真正的光明都來自天上一般。

而且為了在短短的一天裡完成我設計的許多場景，我們同時開了四個棚，好讓遠道而來的縣市長如同闖關般，一站一站完成動作，這中間高度仰賴協調工作和現場的靈活應變。

影武者和乖巧的縣市長們

現場的攝影動線需要不斷的嘗試，並記下路徑，所以必須要有人先模擬走位。因此我們依照每位縣市長的身高體型，找了相類似的演員扮演「影武者」，並且為了我們好下指令，每位拿了個牌子上面印上縣市長的玉照，不斷地來回記下timing和路徑，過程十分辛苦。但就像台灣每一份工作一樣，我們腳踏實地，用科學的方法，創造以前沒有的作品。

每位年輕的「影武者」也充滿熱情的認真參與，畢竟，不是每天都可以被「花媽花媽」地叫呀，全場雖然每個人都全神貫注，但實在太好笑了，大家都臉上洋溢著笑容。

不過，說起來，最乖巧的應該是各位縣市長吧，他們大老遠地從自己的地區趕來，而且都只能待幾個小時，因為還有很多公務要忙。雖然每個都是地方的父母官，可以調動許多資源，但在這片場裡，都乖巧的像小學生一樣，乖乖的照指令動作，最厲害的是，我請影武者帶他們走一次，記住路徑，沒想到，接著幾乎每位都精確的完成動作，完全超乎我的想像。我猜，大概，他們平常就很重視執行的精確度吧。

對了，那時我為了這麼多人的走位很傷腦筋，後來想到的參考素材其實是電影「瞞天過海」（*Ocean's Thirteen*）呢。你猜，誰是布萊德·比特，誰是喬治·克隆尼？

加油，需要的是真心，不是大聲

中間我想要縣市長們以國語、台語、客語，有的是一個人，有的是兩個人，有的是三個人，不管是誰，他們都費盡力氣的喊著，一如往常。

我不懂很多東西，但我知道，當你用心力去做某件事，它至少一定會有個樣子。而我們，誰都該有個樣子。一個你自己喜歡的樣子。希望，台灣有台灣自己喜歡的樣子。

台灣隊加油！

你也可以想一想

算計無用：

面對巨大且你很在意的，千萬記得，小心眼是你最不需要的，你要比平常的自己更誠懇，更真實面對，因為你自己知道，歷史也會知道。

03

張鈞甯和好多仙的八仙塵爆

清爽不油膩，我們都能是完美的不沾鍋。
只是，我多數時候覺得，
我們都在一個大悶鍋裡。

當你難過，
記得有人為你禱告

八仙塵爆的第二天，我接到一通電話，是張鈞甯。

她說，她剛下飛機，想問我今天有沒有空？想請我幫忙，為八仙塵爆裡的受難朋友做點什麼。

我說：「好，妳想做什麼？」

她說：「你可不可以寫一首詩？我來找朋友們大家一起來唸。」

我說：「好，你等我一下。什麼時候要？」

她說：「可以今天嗎？」

我說：「啊？」

她說：「對不起，因為隔天又得出國工作了。」

掛上電話，我只能禱告。不過在禱告前，我先聯絡製作公司的夥伴，請問他們有沒有意願協助，時間很趕，而且要做的方式未知，要做的支數未定。結果，對方一口答應，只說，讓他們知道可以幫什麼忙。

我很感動。現在台灣的誰不想賺錢呢？誰不想好好賺錢？誰沒有自己的問題要面對？但去解決別人的問題，搞不好，也是解決自己問題的方法之一。

以前我不懂，只會看自己的問題。後來，看到身旁很多好友整天笑咪咪的，我才知道，原來，任何事不只會不順利的順利完成，而且最好的是，當你完成別人的事，你就能或為一個稍稍完整的人。

那個群組

張鈞甯馬上組了一個群組，而且一下子拉進一堆我沒看過的帳號，只見到她快速且明確的說明她想做的事，裡面也提到我，說我會寫好一首詩，並且協助安排好拍攝的方式，請大家以自己的時間和資源盡量協助。

一下子湧入一堆回應，雖然我不清楚他們是誰，但從那些縮圖，我隱約猜到他們是誰，都是華語界的年輕一線藝人，我那時嘴巴有點掉下來。因為，也太厲害了吧，根本就是全員集合啊。

那些個英文名，可能都代表著幾十萬個粉絲在乎的人，但他們的回答，就像你我一樣，是單純普通的，單純的只在想，怎麼幫忙。像個人一樣的單純。而那，令人動容。不過，感動歸感動，請問那首詩在哪裡？我實在好想在群組裡問問張鈞甯呀。

感動的事，交給能感動人的

我要怎麼辦呢？

我平常寫詩，但也不是七步成詩，我比較會三步上籃。每次遇到難以解決的事，我都會先想，我好弱。然後再想，那就找一個比較強的吧，反正再怎樣，因為我很弱，所以，那個人一定比我強，一定沒問題的。因為人家都找那麼弱的我了，我只要找一個比我強一點的，應該就會OK啦。

所以，我找夥伴。所以，我找神。

因為這件事，很需要神。身體正受到疼痛侵擾的、正在生死關頭努力的、正在親人身旁禱告的，他們需要的是最多的資源協助、他們需要的是所有人的關心，他們需要的，我們不一定給得起。那需要比我強壯許多、比我有智慧的，我只能禱告，尋求祂。

反正又沒用？

很多事我不懂，但有些事，即使我不懂，但仍試著想想看。那時有很多種言論出現，比方說「少集氣了，那有屁用？」

沒錯，他們需要的是醫療。他們需要的是專業的照料和完整的資源，還有，很多醫生說的，好運。那我的問題是，如果你不是醫護人員，你就該置身事外嗎？你就可以置身事外嗎？

就繼續你原來的生活，就繼續你討厭的工作，就繼續你對世界的抱怨，就繼續保持你的酸度？我不知道，這真的可以幫到誰？

我的意思是，我們都該盡好本分，把自己的事做好，因為，不把事做好，就可能會害到別人。八仙塵爆，某種程度不也是有人沒做好自己該做的事？但是，當有人受傷難過時，你該如何？你當然不是要一窩蜂的圍觀，甚至拍照留念。但是難道你不管嗎？難道你就可以那麼清爽的繼續自己生活？

清爽不油膩。最好是我們都能是完美的不沾鍋。只是，我多數時候覺得，我們都在一個大悶鍋裡。

我比較想要做點什麼，至少，降點溫度，至少讓人不悶一點。而且我相信禱告的力量。比世界很多力量都大。

當你難過，記得有人為你禱告

八仙塵爆的受難者，正在生死關頭掙扎，身體上的痛苦遠超乎我們的想像，而他們每分每秒都得面對忍耐，充滿了難過痛苦想放棄，未來還有復健難關和心理重建得努力。

我們可不可以做點什麼？也許，可以找些人試著當他們的天使。

也許，讓我們接力唸一首詩，為他們禱告祈福，為他們加油打氣，也許讓家屬可以拿到傷患床邊播放，也許讓其他人可以用自己的方式，為正辛苦的家屬朋友同胞鼓勵，給他們一點點力量。

也許很倉促，也許不完美，也許比起醫護人員的付出，比起人們正面對的，都不夠，也不夠好，也還有其他可能。但我們相信，這是個開始，是我們在驚魂後彼此扶持的開始，是臉部平權的開始，是醫療資源溝通整合的開始，是社會結構調整的開始，是我們思考什麼比較重要的開始。

你願意當那位天使嗎？

最後，也想為所有前線的醫療人員加油打氣，知道你們也難，也痛，但你們是最美麗的天使。

當你難過，記得有人為你禱告

知道你難過
知道你難受
知道你難
很難很難很難
不過

當你難過
記得有人為你禱告

天空還在
太陽還在
愛你的人還在
我們都還在
還在為你禱告
還在為你加油
還在還在還在

別怕
當你難過
記得有人為你禱告

你可以害怕
你可以悲傷
你可以哭泣
你也可以好起來

好好的起來
你一定可以
真的
當你難過
記得有人為你禱告

你不是一個人
你是我們
你裡面的比世界還大
世界都陪著你的心跳聲
相信
當你難過
記得有人為你禱告

陪你的家人
陪你的愛人
留下來陪我們
沒有誰是別人

我們都你的人
你說
當你難過
記得有人為你禱告

知道你難過
知道你難受
知道你難
很難很難很難
請你相信
還有
當你難過
記得有人為你禱告

天空還在
太陽還在
愛你的人還在
我們都還在

還在為你禱告
還在為你加油
還在還在還在
是的
當你難過
記得有人為你禱告

還在繼續的禱告

生命是一條延長線，你可以延長它，你可以從它得到力量，你更可以讓別人得到力量。

當生命被延續，當世界繼續它的運轉，我們也可以繼續。我知道很多參與其中的藝人，仍繼續相約著，在這些受傷的年輕人努力復健的路上，他們仍繼續陪伴。不主動邀請媒體採訪，因為他們只是在做一個人該做的事，只是在關心另一個人。

也許，我們無法給很多人理想的照顧，也無法捐出非常多的金錢，但我覺得，可以讓自己努力的活，並且讓別人稍稍活得好一點，我們應該會好一點。

我們可以在成為了不起的人之前，先成為人。

沒有什麼人真的很了不起，很有錢、很有權？都是你的事。

當個人，就了不起了。

如果你真的像個人。

你也可以想一想

巨大的災難：

面對巨大的災難，如八仙塵爆、如高雄氣爆，我們能做什麼？你要不要想想看，你能替傷者做些什麼呢？未來還能做什麼？

04

微宣洩的意涵

跑步很無聊。
就跟想創意一樣，在那冷酷絕境，
你被迫成為最有想法的人。
能夠不怕跑步的人，你當然該怕。
而你可以成為那樣的人。

微宣洩的意涵

那時接到一個腳本，我很喜歡。大致是一個心情不好的女生，和好朋友坐在草地上喝著飲料，這時一架飛機飛過，女孩突然大叫，一旁的好友，雖然不明就裡卻也跟著大叫，在轟隆隆的引擎聲裡，陪著女孩把心情宣洩出來。

我覺得腳本很單純，但又很有味道，非常有當代感，甚至你如果拿來分析現代工業都會心理，更會覺得這是現代人很需要的救贖。原因在於**我們的資訊過多，壓力過大，當然很多時候，是自己的期待也常落空，面對挫折難過的機會倍增，我們都得找到自己的出口，否則，對自己對別人都是負擔，甚至可能是種傷害。**

我在想，說不定還可以加點什麼。因為我剛好認識陳意涵，知道她一些祕密。

那就是，她是一個肖A。

她是個非常即知即行的時代女孩，對於任何事都有看法，更有做法，而且一定會努力地把它做出來，就算是咬著牙，臉上還是帶著笑，就是這種不顧一切的對付自己極限的個性，讓我覺得她是個肖A。

還有還有，我是她 nike+ 的好友。一開始，我都以為我看錯，我已經是每天跑五公里的人了，但排名永遠在她後面，而且公里數都是差一位數。後來才知道，她平常可以一穿上跑鞋，就一路跑到碧潭來回三十五公里，而且她的名言是「你還在想要不要出門去跑時，我已經穿上鞋，在跑回來的路上了。」好威噢。

我就想，是不是要在腳本加入跑步這場戲？因為跑步很無聊。

跑步很無聊？

噢不是啦，我想到的是，大家很常看到陳意涵，但大家從沒看過陳意涵跑步。我覺得運動中的女孩很美，那專注的神情，一定比故作嬌羞扭捏來的有魅力，我這樣跟代理商和客戶溝通，也跟陳意涵說，「我一定會把妳拍的比美還美」，不過專業的大家，願意放手讓我去做，其實是也看到一個點。

那就是更重要的，情緒。當你心情不好時，你有哪幾個出口？你有哪些事是你做了一定會快樂的？

這是你這輩子一定要回答的問題，而且可能是滿重要的一題，他幾乎可以決定一個人的情緒管理、人際關係和事業成就。如果你是個大人了，你還在聽別人跟你說，你怎樣才會快樂，那我猜測，你可能還不夠快樂，也不夠大人。

那件事，通常跟金錢無關，通常很簡單，但你非得找到不可，否則你可能會每個週末都上KTV喝到掛掉，然後醒來，還是不快樂。你的憂愁沒有掛掉，但你自己和信用卡帳單快掛掉，而在那之前，你打給女友、家人的電話一定先被掛掉。

我和陳意涵很多東西都不一樣，我沒有她可愛，她沒有我北七，但我們有個共同的點是，我們知道跑步可以拯救我們的情緒。

一個心情不好的人，出去跑步，而且有朋友作伴，是件雖然難受但也難得的事，它會讓後面好友跟著對飛機喊的劇情，顯得更有道理，等於在片子的一開始，就建立起了兩個角色的關係，這對於講述故事，是很重要的。

跑步的好友

你有這樣的好友嗎？你有遇到困難可以陪在你身邊的好友嗎？你是這樣的好友

嗎？你是好友遇到困難可以陪在他身邊的人嗎？

如果有，如果是，我恭喜你，你擁有一個接近成功的人生，至少不太失敗。如果沒有，如果不是，那我鼓勵你，你有機會變得更好。

那時，我還有個突發奇想，可以找到真正的好友來嗎？

我的意思是，當然主角是陳意涵，但可以讓她的朋友來演這朋友嗎？因為我覺得那戲會更好看，比起一般模特兒，更能夠引發兩人間的情感。

我想來想去，一開始想到的是張鈞甯，也是陳意涵的閨密，但一支廣告片實在很難再承擔這樣一位大明星。後來想到張瀛，也就是張鈞甯的姊姊，曾經是我當創意總監時的文案，但現時已經在國外當創意總監了。

我打電話給她。

「張瀛啊，回來幫我一下。」

「噢好，要幹嘛呢？」

「跑步，跟陳意涵。」

「噢好，什麼時候？」
「二二八。」
「好，掰掰！」
不騙你，就這幾句話，她也沒多問，就答應了。我心裡想，要嘛她是個笨蛋，要嘛，她很重視我們的關係。
閨密。你有這樣的朋友嗎？

跑步很無聊？所以你要怕那不怕跑步的人

雖然拍片時遇到大雨，一度要改期，但最後，就跟多數的事一樣，不順利的順利完成了，而且比我原先預期的還棒，還單純，還動人。我猜因為裡面有太多人的真性情吧，那會勝過一切物質環境的不巧合，而呈現一種完整而美好的單純，跟愛因斯坦說的一樣。
但我另一個體會是，你應該要怕那不怕跑步的人，因為跑步很無聊。跑步很無聊，你要持之以恆地去做，要面對各式各樣顯而易見且巨大無比的理由，卻又得勝，那真的很不容易。

跑步很無聊，所以你會想辦法讓自己覺得有聊，你基本上就在創造一個有限制的環境，而這對你的創意發想是非常好的訓練，我好多腳本都是在跑步時想出來的。

跑步很無聊，因為他是簡諧運動，也就是單一而持續的運動，那會激發腦部發出阿爾發波，那就是類似傳統冥想打坐時追求的境界，你會看見那完整而美好的單純。

跑步很無聊。就跟想創意一樣，在那冷酷絕

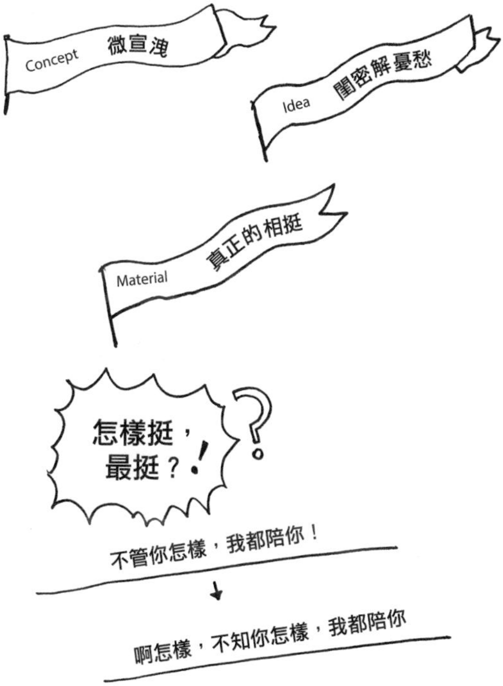
Concept 微宣洩
Idea 閨密解憂愁
Material 真正的相挺
怎樣挺，最挺？!
不管你怎樣，我都陪你！
啊怎樣，不知你怎樣，我都陪你

境，你被迫成為最有想法的人。能夠不怕跑步的人，你當然該怕。而你可以成為那樣的人。

所以，如果你還不知道怎麼發想，跑步很好。當你跑步時，你可能創意很好。至少身體不會太不好。而那又可以幫你想到創意。

祝福你跑向單純，像起初被造的時候一樣，有創意。

你也可以想一想

人總要想法子對付自己：

就是一個好故事。說一個好故事，比任何長篇大論都來的有效。你要不要也試試看，今天就說一個故事來聽聽？還有，你討厭什麼？你今天可以主動去面對嗎？

05

不必大聲的人民大聲公

應該要有一個共同的符號，
一個人們一眼就能理解，
能代表這群人的奮鬥。

人民大聲公　選擇在乎你在乎的

政黨票，到底是什麼呢？很多人不了解，只覺得就是給政黨的，就只想到權力分配，就只會想到地盤。我甚至遇過一些朋友，完全不知道政黨票是要拿來幹嘛的，連這也是為了不分區立法委員的席次都不清楚，而這已經不是第一次選舉裡有政黨票了。可見過去作為公民的我們得到的資訊，真的很少。那我們怎能輕易地說，我們是個成熟的民主政體呢？

對不了解的了解

於是，在很早期的時候，我和林錦昌就這部分交換了好多意見。我說，我的人渣同學們，雖然現在個個都是社會人才，但聊到政黨票，可能也會有類似不清楚的認知。

我說，與其教育人們對政黨票的認知，我更真心的希望，到時候不分區的人選，可以跳脫過去的刻板印象，能夠給人耳目一新的感覺，能夠擺脫過去人們對政黨利益分贓的成見。林錦昌說，他覺得很有機會，他相信，到時的人選不會讓我們失望。

我說，那如果這樣，我們可以考慮來做一個不分區的候選人廣告。就是針對人本身的，而這是過去沒做過的。

有人的沒人，沒人的有人

我一直喜歡在溝通上反其道而行，不是為了譁眾取寵，而是為了傳播效果。過去我為柯P做的廣告「這票你聽孩子的話」，裡面連一個柯先生的鏡頭都沒有，只有一個關於普世對孩子未來的擔憂，那是屬於大眾的，那是屬於每一個人心裡的深刻心聲，因為這樣可以創造共鳴。

小英的「願你平安」，雖然出現她本人，但只在影片的最末段。整個故事，就如同透過小英的眼睛看到人們的生活，為人們不捨，為生命不甘，那是對人的憐憫和關懷，那是作為一個人的基本條件，而很多人做不到。

我想要呈現的不是一個人，而是人性。

而政黨票，這個看似模糊沒有特定選舉人選的概念，我反而覺得應該踏實，應該清楚地讓人們看到他們要選的是誰，不是選給政黨，而是一個個活生生有作為的人。

為什麼呢？因為清楚的東西，我們要讓它形而上，而難以捉摸的形而上概念，我們就要讓它被充分碰觸，感受到清楚的形體，好讓他們覺得自己投的每一票，都會有意義，都會回到自己的身上。

我想要呈現的不是一個虛無縹緲的政黨，而是一群人，一群有志之士。

人，才能撐起人，不是別的

這些人是誰？他們有台大的毒物專家、老人福利聯盟理事長、主婦聯盟環保基金會、人權律師、農村陣線聯盟、殘障聯盟、原住民族女主播、青創、環保人士，還有關注文化教育的和勞工運動者。

我想了很久應該用什麼方式，讓他們被看見，因為過去他們並沒有任何媒體報導，雖然他們做的都是大事，都是關於我們生活的大事，但他們在媒體上是小人物。這是個背離的現象，真正在幫助我們的，我們不認識，我們知道的卻是些賺很多錢卻並不願意分享自己資源的人物。

我跟一般人一樣，不是那麼清楚他們的專業領域，所以，我這次不想由我來說他們的故事，讓他們自己來講。

我要搭好一個台子，請他們上台，讓他們來說說看。

每個都要不一樣，每個都要一樣

我覺得，我要來思考一個架構，開頭和結尾，都被設定好，裡面由他們來填上。所以我設定了前後的文字，因為他投入的其實和每個人都有關，只是我們忙著生活，卻忘了這就是我們的生活，所以講「你該在乎的事」，最後要大家選擇在乎你在乎的。

你該在乎的事

（由各人選自行發表，自身投入的議題）

在乎你在乎的
選擇　在乎你在乎的

我想著，應該要有一個共同的符號，一個人們一眼就能理解，能代表這群人的奮鬥。我想了好久，終於想到，他們多數時候都在外面奮鬥，把自己在乎的想法

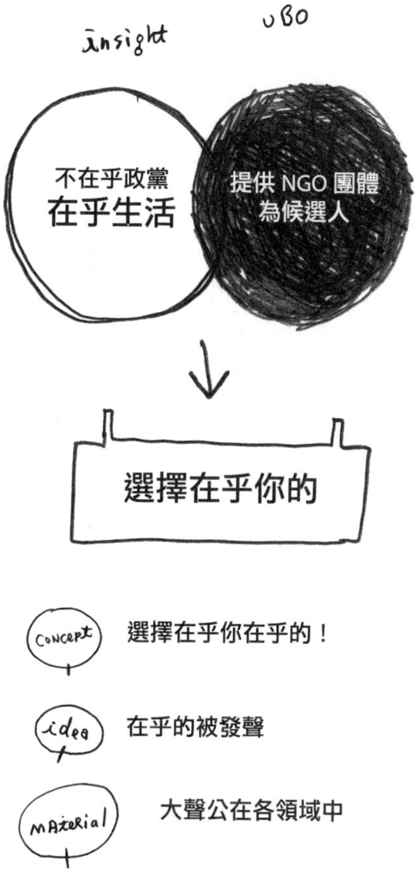

跟人們訴說，跟財團對抗，跟政府倡議。**他們常常沒有資源，沒有人力，只有自己，只有自己的喉嚨，只有自己的聲音，他們有的只有身上背的大聲公，儘管他們喊出來的聲音，是每個人心裡的聲音。**

有大聲公，都一樣了，那我要怎麼每個都不一樣？

為了這，我和攝影師討論很久，我要一個特別的風格，但這風格要能沿用，又要每個人都能不一樣，都要在現場被改變。

攝影師想了好些時候，於是連燈光組都要一起投入，因為我們決定在一個全白的背景裡操作，只靠鏡頭和鏡位的不同，加上燈光的角度方向大小，要創作十支完全不一樣的影片，每位主角的說話方式也不同，有的站著，有的豪氣地坐在肥皂箱上，有的是對談，有的安靜地坐在椅上講……。

沒想到，我們還真的做到了。但這比起，這些人們多年來做的事，真的又小到不能再小。

感動的是人

每位走進攝影棚的都很客氣，而他們其實都是各議題領域裡的專家，許多更是博士，但每位都比誰還謙卑，但每位都在乎人。

其中像台大的食安專家吳焜裕教授，他進來時還需要攙扶，因為他的視力不好，已經接近失明。但他竟然還要東奔西跑，為了我們的食安問題，參加各種公聽會，還會被不法業者恐嚇。對，死亡威脅，當你做的事是擋人財路，而且是幾百億幾千億，那人家花個幾十萬買兇殺人，也就不足為奇了，因為很划算啊。

拍攝時還有個小插曲，完全不是設定的。

我們邀請已故毒物專家林杰樑醫師的妻子譚敦慈一起訪談，中間譚小姐請教吳教授問題，吳教授講到當年為食安奮鬥的戰友林杰樑醫師，突然哽咽講不出話來。現場一片沉默，所有人都跟著難過了。我和攝影師不知如何是好，就讓機器繼續拍攝。

那個沉默，是默哀，為台灣難過難受，當那些賣黑心商品的人大膽地做卻都沒事時，我們只能哭，為孩子哭，為自己哭。

老人福利聯盟的吳小姐跟我聊到，我說我媽媽因為失憶症也有長照的需要。她問：「你家在哪？」

我說：「台南。」

她問：「台南哪裡？」

我說：「安平啊。」

她說：「那，那個民權路那裡，有一間『德輝苑』很好，你們可以去。」

我嚇到了，她可是台北人耶，怎麼會知道？表示她投入的很深，在全台各地都跑透透了。我很好奇主管社會福利業務的內政部長，能不能這樣？

讓聲音出來

後來，拍完十位後，我們認為應該要有一支片，讓大家聚焦，並且理解到底政黨票是做什麼的。我覺得這才是事情的核心。

就像台灣現在多數事情一樣，我們都忘記原來的功能了，我們忘記立法院是要幹嘛的。立法院就是要立法，把法律給規範出來，保障好的，禁止不好的，並不是要來喬事情用的，並不是政黨版圖的分配而已。

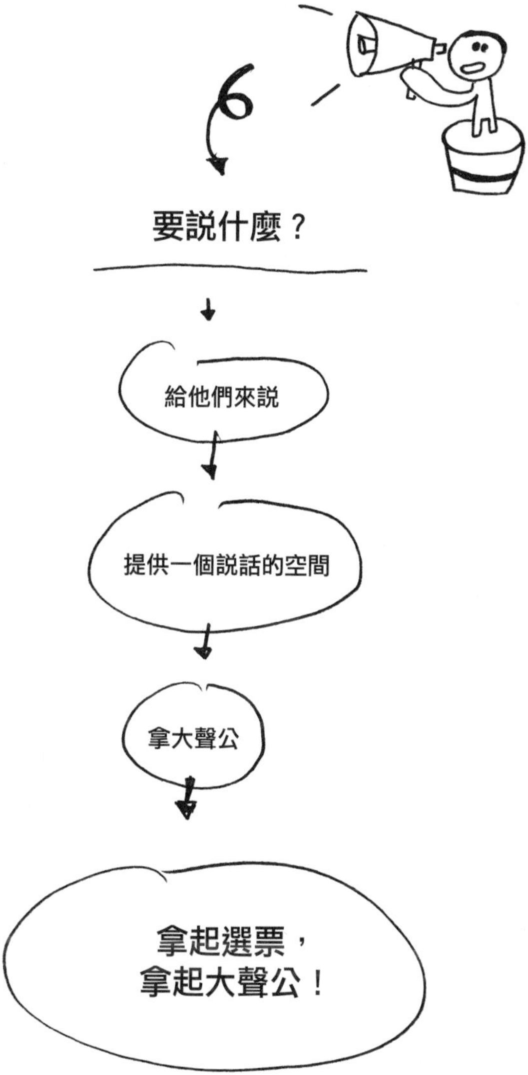

後來我們又做了這個片子。

河川出海口，奇特地立著一個大聲公。農田，立著大聲公。上班族匆忙經過的捷運站外，立著大聲公。工廠、小吃攤、輪椅、工地、法院、牛、癱瘓的病人、煙囪、小學外、油罐旁、牛奶罐旁，旁邊立著大聲公，人們好奇地看著。

旁白：

看著你的孩子
回答我

你為什麼要投票？
只因為你可以嗎？

因為你在乎

你要讓你在乎的出聲

你在乎食安　在乎長照
在乎貧富差距　在乎環境汙染

在乎教育問題　在乎司法不公

你在乎的

當黑心食品、環境汙染、弊案、
公安、黑箱政策
都逃過法律制裁
都沒事時

你知道你有事了
你和你的家人有事了
因為他們會繼續那樣做

看著你的孩子
回答我
你在乎

看著自己
說出來
你在乎

你要讓你在乎的成為法律
讓你在乎的被監督
禁止不好的
保障好的
這是你保護家人唯一的方式

因為你在乎

選擇　在乎你在乎的
民主進步黨

保護家人

多數時候，我都不知道自己做的對不對，多數時候，我都很困惑，多數時候，我都在想，我應該錯得離譜吧？但，我現在常想的是，如果可以，我想要讓我孩子的世界好一點點，就像那群人一樣。

我無法永遠保護自己的家人，我無法永遠陪在他們身邊，而且有一天我會離開。我的力量很小，而世界很巨大，甚至隨時會張口把我吞掉，我無法保證我孩子的安全，我只能盡量。我只能盡量做個好一點點的人，我只能盡量幫那些能幫我們的人，而那會幫到我的孩子，我相信著。

記得有一次深夜拍完片，我從拍攝的深山上走出，要開車，整條山路都是黑的，一盞燈也沒有，我的心情輕鬆，因為是不好拍的片，但我完成了。

我開心的想打電話跟爸爸說，想告訴他，我工作結束了。

拿起電話，突然間我想到，我沒有爸爸了。我爸爸已經在天上了，我打電話，他不會接。於是，上車，綿延的山路，我一路哭下山，難過，無法控制。我想起電影「星際效應」裡說的，「每個父母都是孩子的鬼魂」，每個父母都努力的想守護孩子，並不是想給他們最好的，只是想給他們安全的。

我想起，我有孩子了。換我守護孩子了。

這次換我當鬼了。

你也可以想一想

你在乎什麼？

你在乎誰，你在乎什麼？你的在乎，別人在乎嗎？

你為你的在乎做了什麼？

國家圖書館出版品預行編目 (CIP) 資料

文案力：如果沒有文案，這世界會有多無聊？／盧建彰Kurt Lu著. -- 第一版. -- 台北市：遠見天下文化, 2016.02
面；　公分. --（工作生活；BWL041）

ISBN 978-986-320-939-3（平裝）

1.廣告文案　2.廣告寫作

497.5　　105000465

工作生活 BWL041B

文案力

如果沒有文案，這世界會有多無聊？

作者 — 盧建彰 Kurt Lu
總編輯 — 吳佩穎
責任編輯 — 盧宜穗
美術設計 — 三人制創

出版者 — 遠見天下文化出版股份有限公司
創辦人 — 高希均、王力行
遠見・天下文化 事業群榮譽董事長 — 高希均
遠見・天下文化 事業群董事長 — 王力行
天下文化社長 — 林天來
國際事務開發部兼版權中心總監 — 潘欣
法律顧問 — 理律法律事務所陳長文律師
著作權顧問 — 魏啟翔律師
地址 — 台北市 104 松江路 93 巷 1 號 2 樓

讀者服務專線 — 02-2662-0012 ｜ 傳真 — 02-2662-0007, 02-2662-0009
電子郵件信箱 — cwpc@cwgv.com.tw
直接郵撥帳號 — 1326703-6 號　遠見天下文化出版股份有限公司

內頁排版 — 張靜怡
製版廠 — 東豪印刷事業有限公司
印刷廠 — 祥峰印刷事業有限公司
裝訂廠 — 聿成裝訂股份有限公司
登記證 — 局版台業字第 2517 號
總經銷 — 大和書報圖書股份有限公司 電話／ (02)8990-2588
出版日期 — 2016 年 2 月 1 日第一版第 1 次印行
2023 年 11 月 20 日第三版第 2 次印行

定價 — NT$ 400
4713510943656
書號 — BWL041B
天下文化官網 — bookzone.cwgv.com.tw